Ben Jeddou Mahmoud

"M-Health Discovery" - Uma ferramenta para automatizar a descoberta de epidemias

Ben Jeddou Mahmoud

"M-Health Discovery" - Uma ferramenta para automatizar a descoberta de epidemias

Startup tecnológica de fabrico tunisino que melhora o acesso aos cuidados de saúde na África Subsariana

ScienciaScripts

Imprint

Any brand names and product names mentioned in this book are subject to trademark, brand or patent protection and are trademarks or registered trademarks of their respective holders. The use of brand names, product names, common names, trade names, product descriptions etc. even without a particular marking in this work is in no way to be construed to mean that such names may be regarded as unrestricted in respect of trademark and brand protection legislation and could thus be used by anyone.

Cover image: www.ingimage.com

This book is a translation from the original published under ISBN 978-3-330-34712-0.

Publisher:
Sciencia Scripts
is a trademark of
Dodo Books Indian Ocean Ltd. and OmniScriptum S.R.L publishing group

120 High Road, East Finchley, London, N2 9ED, United Kingdom
Str. Armeneasca 28/1, office 1, Chisinau MD-2012, Republic of Moldova, Europe
Printed at: see last page
ISBN: 978-620-7-88229-8

M-Health
DiscoveryTool

"M-Health Discovery" - Tunisian Start-Up, providing a tool to automate the discovery of epidemics (Lessons Learned & Best Practices)

MOHAMED
Co-innovator

MAHMOUD
Co-innovator /
Report Editor

SLIM
Co-innovator

AIDA
Co-innovator

HELMI
Academic
Supervisor

Índice

Citações pessoais

A viagem do empreendedorismo nunca pára ... aqueles que desistem cedo não são bons o suficiente para falhar ... aqueles que resistem terão a recompensa final!

O destino que estamos a lutar para mudar não é como aquele que aceitamos por medo da mudança.

Um bom empresário passa a sua vida em movimento contínuo!

Quando se leva as coisas da vida com calma, os resultados aparecem rapidamente.

Quanto menos se perguntar, mais respostas se obtêm! - [Regra para Consultar os Dados do Mundo Humano] #

A imaginação é perfeita, quando associada a uma reflexão prática.

As belas ideias criativas surgem à volta de mesas simples e modestas...

#

O panorama geral é muito mais importante do que qualquer outro pormenor!

Cada pequena coisa requer um roteiro.

Concentrar-se nos resultados, independentemente das tarefas que está a realizar. #

Mude tudo o que quiser... Nada o impede de o fazer!

Uma vida de arranque requer o poder do amor e da dádiva...

Não cresças, se queres continuar a ser criativo ...

Como a vida pode ser bela quando é informal!

#

Nada mais criativo do que combinar o que existe de uma forma criativa!

Se não cria novas ideias para os fins-de-semana, porque é que a sua vida?

Um bom empresário não sai com uma rapariga ao sábado, em vez disso, fica em casa com uma ideia...

\#

Quando sentir esta ligeira dor presa algures entre os ossos das suas costas, deve saber que terá resultados perfeitos.

Se não houver problemas, não nos empenharemos em pensar...

\#

- (in)felizmente, tenho dois lados direitos do cérebro!

-Apoio sempre aqueles que se atrevem a falar com o meu coração insensato...

- Mahmoud BEN JEDDOU -

Um poema para uma querida

سَلَامٌ يا مَرْيَمُ

***

صِرْتُ أُدَمِّرُ قُلُوبهنَّ

بقَدْرِ ما فعلْتِ بقَلبي،

أُغالِي في نفاقهنَّ

و أُحطّمُ كبرياءهنَّ،

فقط لأَنْشَغِلَ عنْكِ،

و أُنْفِقُ أحاسيسِي معهنَّ،

كي تراني صامتا غير مُكترثٍ،

و أنا أَذُوبُ لِسماعِ همساتِكِ

سَلَامٌ ـ مُسْتَسْلِمٌ ـ يا مَرْيَمُ ..

أَلْحِقِينِي بـِنِفاياتِ فِكُركِ،

فأنا المُحِبُّ الوَضِيعُ أسْتَأْهِــلُ.

ـ محمود بنجدو ـ

Introdução

Se não houver problemas, não estaremos empenhados em pensar. Entre os grandes problemas que o mundo inteiro está a enfrentar, encontra-se o desemprego juvenil. O mundo árabe não constitui uma exceção a este problema. A Tunísia, em particular, tem uma elevada taxa de jovens desempregados, recém-formados em instituições académicas. Alguns factos expostos por Mongi Boughzala [no seu texto, Youth Employment and Economic Transition in Tunisia - Global Economy & Development (Working paper 57 | janeiro de 2013)] desenham a triste face atual da socioeconomia tunisina:

"No conjunto da população ativa, a taxa de desemprego dos licenciados era superior a 20% em 2010 e superior a 30% para os jovens licenciados. O número de desempregados com diplomas universitários era de cerca de 200.000 em 2011 (em comparação com cerca de 700.000 desempregados no total)."

Atualmente, cerca de 40% dos desempregados esperam pelo menos um ano para encontrar um emprego. Em média, os mais instruídos, que fazem fila para os empregos no sector formal, esperam muito mais tempo".

Estes factos estão relacionados - em grande parte - com o sistema de ensino tradicional ainda implementado nas universidades tunisinas - especialmente as do Estado, que continuam a ser o único destino para a grande maioria dos estudantes tunisinos. É um sistema que já não consegue suportar as mudanças que estão a ocorrer no mundo da indústria. Não é uma formação para o emprego. E isso levou os estudantes a começarem a pensar na educação como uma barreira às oportunidades de emprego e a perceberem que obter um diploma no papel sem competências não lhes vai trazer uma carreira de sucesso.

No entanto, o Estado - sozinho - nunca poderá resolver o problema do desemprego juvenil. Deve ser uma preocupação de toda a comunidade - Indivíduos ou Grupos - quem tem emprego e quem não tem -, todos devem colaborar na resolução do problema. Isto só pode ser feito através de um Convite ao Espírito Comunitário;

"Mesmo que já tenham um emprego, certifiquem-se de que os vossos vizinhos e amigos também têm emprego, porque esses são, em última análise, os clientes dos produtos da vossa empresa" - [citação de Barack Obama no LinkedIn Town Hall sobre o tema da criação de emprego - setembro de 2011].

Porque estivemos dentro das salas de aula durante vários anos e continuamos a aprender com o exterior, nós - a nova geração de jovens tunisinos - temos de enfrentar os nossos próprios problemas e pensar em resolvê-los de uma forma que corresponda aos nossos sonhos.

Ir para o empreendedorismo, desfrutar do ar de liberdade e quebrar alguns padrões antiquados, pode ser a cura para o Desemprego Jovem. Neste contexto, surge a nossa iniciativa empresarial "© M-Health Discovery".

"© M-Health Discovery" é uma ferramenta de arranque que ajuda a recolher dados dos utilizadores e a construir um conhecimento profundo sobre os mesmos. Posteriormente, através da aplicação de um algoritmo analítico avançado, fornecemos informações sobre o estado de saúde dos cidadãos para evitar a ocorrência súbita de epidemias e aliviar o fardo dessas doenças fatais. A solução proposta será dirigida aos cidadãos das regiões da África Subsariana, conhecidas pelas suas elevadas taxas de infecções epidémicas. Mas o produto em si é expansível - e os nossos serviços de saúde a preços acessíveis podem chegar a outras nações vulneráveis que estejam em risco de epidemias - em todo o mundo.

Assim, este relatório apresentará algumas das melhores práticas que podem ser um apoio útil para qualquer equipa jovem ao iniciar e gerir a sua iniciativa de arranque. Em seguida, apresentará o nosso projeto de arranque - o "© M-Health Discovery"; centrando-se em factos epidémicos em África e apresentando o processo de criação da nossa ferramenta "M-Health".

1. Liderança

2. Auto-confiança

3. Gestão de equipas

4. Gestão de conflitos

5. Valores da equipa

6. Organização da equipa

7. Seleção das competências da equipa

8. Cultura de feedback

9. Necessidade de reconhecimento

A.1. Liderança

A liderança, tal como definida por Daniel Goleman [Daniel Jay Goleman é um autor, psicólogo e jornalista científico. É autor de mais de 10 livros sobre psicologia, educação, ciência, crise ecológica e liderança (**Ref 1**)], é um conjunto de competências que vão surgindo ao longo da vida. Durante uma entrevista recente sobre este tema (**Ref. 2**), Goleman explicou claramente que os grandes chefes de equipa nas empresas são frequentemente líderes por natureza. A liderança remonta à sua infância. Com o tempo, cresce e a capacidade de liderar é moldada pela prática. Goleman observou com precisão que a liderança não é uma matéria que se aprende de raiz nas aulas das escolas de gestão. Os líderes aprendem-na no decurso da sua atividade. Mas a liderança, como qualquer outra competência, requer um processo contínuo de aprendizagem para a dominar. Abaixo estão 5 hábitos principais sugeridos por Goleman para melhorar essa competência:

- pergunte a si próprio: "Interessa-me realmente? Porque é que estou a seguir este caminho? A liderança requer uma forte convicção sobre a razão pela qual devemos conduzir algumas pessoas a determinados destinos. Um líder forte deve ser capaz de transmitir a sua própria convicção à equipa. Se o fizer, e se a equipa concordar com o caminho a seguir, a viagem será uma experiência bem sucedida.

- obter feedback honesto de pessoas de confiança que o conheçam bem e acreditem no que faz. Desta forma, um líder pode ter consciência dos seus pontos fortes e das suas limitações.

- escolha algo que seja importante para si e desenvolva um plano de aprendizagem para o efeito. Ou seja, um grande líder nunca pára de melhorar a sua forma de liderar.

- ser um bom ouvinte; prestar atenção ao que os outros dizem é sempre a melhor forma de liderar. Escutar os outros permite ao líder estar próximo das suas atitudes e abrir novos caminhos e perspectivas.

- praticar todas as oportunidades que surgem; a experiência do líder é frequentemente avaliada pela sua capacidade de transformar as oportunidades habituais em valor acrescentado para a sua equipa. Por isso, tem sido comum dizer-se: Através do exercício da liderança, o líder obtém a sua legitimidade como líder.

A declaração de Goleman deixa bem claro que a liderança não é um simples papel que assumimos ou um emprego que procuramos e que nos sentimos felizes por o ter. Pelo contrário, é uma forma de nos comportarmos. É uma questão de competências e de prática.

A eficácia da liderança pode ser verdadeiramente medida no mercado. As empresas no mercado são como navios no mar. Sem um líder, um navio pode perder-se. Do mesmo modo, o destino da empresa está fortemente ligado à prática da liderança.

A vida está cheia de histórias de liderança e a memória pública recorda vários líderes que mudaram completamente o destino das suas empresas, da indústria e da humanidade.

O líder é aquele que vê muito melhor do que os outros a origem da disrupção no mercado. Ele tende a quebrar as regras dos outros e a construir novas regras. Não segue a tendência da multidão. Pensa em grande e age de forma diferente. Ultrapassa os limites e traz conceitos inovadores. Estas são as chaves estratégicas para obter a liderança do mercado, bem como para ter uma posição avançada na pista da concorrência.

Uma boa liderança faz a diferença, por vezes de uma forma espetacular. De facto, uma pequena equipa com uma mente eficiente de um líder pode competir com qualquer empresa, independentemente da sua dimensão, história e volume de negócios. Foi o que aconteceu com Steve Jobs; a sua forte liderança permitiu que a sua nova empresa, a Apple, na sua infância, lutasse contra o gigante e monstro da tecnologia IBM. Ao longo da sua vida, liderou o mercado e perturbou muitas indústrias, como a informática, a música e a telefonia móvel.

Pessoalmente, eu e a minha equipa temos sido muito inspirados pelo primeiro homem da Apple. Antes de começarmos as nossas reuniões de cocriação, pensamos na sua famosa frase "... tudo o que está à volta a que chamamos vida foi inventado por pessoas que não eram mais inteligentes do que nós, e podemos mudá-lo, podemos influenciá-lo, podemos construir coisas que outras pessoas possam utilizar".

A liderança assenta na doutrina da mudança. Para estar no caminho da mudança, um bom líder não deve pensar em ser um líder para sempre.

A.2. Auto-confiança

A ciência social é a área onde podemos procurar uma explicação holística para a auto-confiança. Segundo o psiquiatra - e autor do livro "Ousar: Terapia da Autoconfiança" - Frederic Fanget (**Ref. 3**), a autoconfiança é muito mais do que uma simples engrenagem do nosso funcionamento mental: é o coração de uma pirâmide que assenta, na base, na autoestima adquirida desde tenra idade, e se exterioriza, no topo, pela auto-afirmação. É, portanto, uma parte fundamental da nossa personalidade. Se se esgota, vem a dor. Isto faz com que a autoconfiança apareça como um resultado desta equação psicológica: Autoconfiança = Autoestima + Auto-afirmação.

O psiquiatra continua a definir a falta de auto-confiança como um défice. Conta a história de um dos seus pacientes que sofre desse défice;

Célia (a doente) escreveu ao médico numa carta: "Não tenho confiança em mim própria. Sou tímida, dependo dos outros, tenho medo que me julguem negativamente, duvido das minhas capacidades, não me atrevo a empreender novas actividades ou a assumir responsabilidades. Tenho medo do desconhecido. Tenho frequentemente pensamentos angustiantes. Faço filmes com muito tempo de antecedência".

As palavras de Célia descreveram profundamente a falta de auto-confiança, muito melhor do que qualquer artigo científico. Este fenómeno pode transformar a vida de alguém num verdadeiro pesadelo, se não houver tratamento psiquiátrico.

A história de Célia era um estado individual que qualquer pessoa pode viver. Mas perder a auto-confiança pode ser mais embaraçoso quando o indivíduo faz parte de uma equipa que trabalha numa coisa para realizar de forma colectiva.

Pessoalmente, adoro as visões estratégicas dos treinadores de futebol; são os melhores professores de liderança, assunção de riscos, pensamento proactivo, tomada de decisões ágeis e autoconfiança.

No seu talk-show TEDx (**Ref. 4**), o Dr. Ivan Joseph - treinador principal da equipa de futebol da Universidade de Ryerson - explica que a coisa mais importante que um jogador de equipa deve ter é autoconfiança. Ele estabelece uma definição clara e simples de auto-confiança para os seus jogadores: é a capacidade e a convicção de acreditar em si próprio para realizar qualquer tarefa, independentemente das probabilidades, independentemente das dificuldades. Insiste que a auto-confiança é uma competência que pode ser treinada. Distingue o modelo para desenvolver esta competência: através da repetição - prática - persistência. Além disso, dá frases mágicas que qualquer pessoa pode dizer todas as manhãs em frente ao seu espelho para se sentir auto-confiante;

"Sou o capitão do meu navio e o senhor do meu destino".
"Se eu não acreditar, ninguém mais acreditará".
"Ninguém acreditará em mim, se eu não acreditar".

A autoconfiança é uma ferramenta eficaz para enfrentar o fracasso, é o seu próximo que o pode ajudar em tempos de incerteza, é o seu verdadeiro apoio para lutar contra a dúvida que surge mais frequentemente na vida de um empresário.

Acredito que a auto-confiança deve ultrapassar o limite individual para descrever toda a organização que pretende inovar e obter uma posição de respeito no mercado.

As organizações, especialmente as que são formadas por pequenas equipas (como as Start-Ups), podem ser influenciadas positivamente pela caraterística estratégica da autoconfiança. De facto, se os membros da equipa partilharem esta chave para o sucesso, a organização imporá facilmente a sua marca no mercado

Ser auto-confiante dentro da organização requer ser confiante nas suas diferentes formas de gestão. A autoconfiança é uma caraterística organizacional importante para se destacar da multidão e obter uma vantagem competitiva elevada.

A auto-confiança dá-lhe a capacidade de seduzir as mentes do público, de ser inesquecível, de ser o tema da multidão. Construir uma empresa em fase de arranque tem tudo a ver com seduzir investidores, parceiros e clientes. Isto não pode ser realizado se não estivermos seguros de nós próprios e do que estamos a fazer. Ter autoconfiança permite-lhe sobreviver durante a guerra pelo crescimento da sua empresa.

No entanto, há que ter em conta que a auto-confiança, quando não se baseia na competência, gera arrogância. A arrogância pode refletir um sentimento de vulnerabilidade (**Ref. 5**).

A.3. Gestão de equipas

A gestão de equipas tem a ver com comunicação, diálogo de visões, trazer alguma luz aos pontos obscuros que vivem nas nossas mentes. Um gestor de equipa é o homem ou a mulher mais sociável de uma equipa, capaz de gerir conflitos, relações e problemas da equipa. É isto que normalmente lemos nas revistas de negócios e que muitas vezes ouvimos e vemos nos consultores de gestão quando falam da prestigiada função de Gestor de Equipas.

É muito fixe o que aprendemos com as histórias dos outros. No entanto, entre a aprendizagem e a prática, há toda uma vida cheia de experiências e observações. Como eu costumava dizer a mim próprio e aos que me rodeavam: "a vida de outra pessoa nunca pode ser a minha vida" e "a definição mais adequada que posso obter é a minha definição". Ou seja, as lições que aprendemos através da nossa experiência pessoal são mais influentes na nossa compreensão das coisas e mais determinantes para o nosso futuro.

A vida de um empresário, independentemente da idade, está cheia de lições e de sabedoria.

Um dia, fui colocado numa situação que me ensinou muito e mudou totalmente a minha visão sobre o papel de gestor de equipas:

Lembro-me que, quando assumi o papel de gestor de uma equipa de jovens empresários de TI, eu - que deveria ser o primeiro responsável pela simplificação das tarefas e pela comunicação da visão estratégica - me senti preso a alguns pormenores técnicos do nosso projeto. Um dos membros da nossa equipa, precisamente o programador informático, pediu-me para tornar as minhas observações mais claras. Não ficou muito convencido com os meus comentários técnicos. Eu estava a perder o meu papel de prestígio. Já não era o mestre do assunto. Comecei a duvidar da minha forma de gerir a equipa. Então, dei um passo atrás, parei a discussão durante algum tempo. Tentei ler a situação. Percebi que a minha forma de gerir a equipa, individualmente, não funciona e que preciso de me aproximar muito mais das suas visões.

Quando retomámos o nosso debate, pedi a cada um dos membros da equipa que desse a sua própria visão do nosso projeto. Em conjunto, começámos a analisar e a compreender os prós e os contras destes pontos de vista. Depois, seleccionámos a estratégia mais viável para o nosso próximo passo.

Depois de terminarmos a reunião, senti-me muito confortável com a nova forma de gerir a equipa. Cedi o meu lugar de chefe de equipa a todos os membros da minha equipa. Não era o único responsável pelo nosso futuro.

Nesse dia, ganhámos um bom trunfo cultural que fez da gestão da nossa equipa um papel comum, uma responsabilidade partilhada por todos os membros e não apenas por quem costumava ser o gestor da equipa.

"Deixe que a sua equipa o ajude a gerir a equipa" tornou-se o nosso lema motivacional.

Desde então, comecei a delegar tarefas de gestão de equipas aos membros da minha equipa e concentrei-me no valor acrescentado coletivo da equipa e não no meu valor acrescentado único para o nosso projeto.

A gestão de equipas pode não precisar dessa pessoa muito sociável para liderar, influenciar e alinhar os outros membros com os objectivos do projeto.

Se cada um assumir uma parte da responsabilidade na gestão da sua equipa, o resultado será mais convincente e sólido porque se baseia numa visão inclusiva. Cada membro da equipa deve ser capaz de ser o gestor da equipa.

A.4. Gestão de conflitos

Os conflitos no seio de uma equipa são como o sal na comida. São uma componente essencial da receita da inovação. Um cozinheiro experiente é aquele que sabe qual a quantidade de sal necessária em cada receita. Do mesmo modo, na gestão de equipas, os conflitos são muito necessários, pois abrem caminho ao aparecimento de novas ideias. Um bom chefe de equipa deve saber como gerir estes conflitos, mas seria melhor se encontrasse uma forma de empurrar os membros da equipa para um conflito construtivo.

O conflito ocorre quando atitudes completamente rígidas são encontradas na mesma situação. A psicologia social (**Ref. 6**) define uma atitude como um estado mental que exerce uma influência dinâmica sobre os indivíduos, preparando-os para agir de uma determinada forma em relação a um certo número de objectos ou acontecimentos. Uma atitude pode ser deduzida das afirmações ou das respostas dos indivíduos.

As mentes habituais acham que o "ataque e contra-ataque" é a abordagem mais fácil para conduzir os conflitos: uma vez que esta abordagem não exige aquele esforço adicional para compreender as afirmações dos outros. Limitam-se a manter as suas atitudes sem se mexerem e, quando se sentem a perder, começam a tagarelar. O seu objetivo final é contradizer a atitude do outro, independentemente da sua adequação.

Contrariamente a esta forma de se comportar num conflito, uma pessoa com pensamento positivo construtivo procura frequentemente os conflitos para desenvolver novos activos de aprendizagem e melhorar a sua capacidade de convencer.

Não tenha medo do conflito quando este acontece a meio de uma reunião de co-criação ou de uma sessão de brainstorming ou mesmo numa reunião virtual (não presencial, comunicação VoIP). Em vez disso, pode ser o momento perfeito para divergir o pensamento e sair do contexto habitual.

Da minha pequena experiência na gestão de equipas, aprendi algumas dicas que me permitiram ultrapassar conflitos e transformá-los em activos criativos. Eis o que eu costumava fazer para gerir conflitos:

- abrande o seu pensamento; acelerar o seu pensamento leva a perder o controlo sobre a gestão do conflito e ficará fora de jogo muito mais depressa do que pensa. Dê a si próprio tempo suficiente para analisar a receita do conflito. Identifique os ingredientes que faltam para obter uma refeição saudável.

- colocar a emoção negativa para fora do seu coração; não ter vergonha de mostrar essas emoções aos outros envolvidos no conflito. Não tente ser muito autocontrolado nesses momentos. Deixe a cabeça de lado durante algum tempo, fale com eles com o coração e deixe que os seus sentimentos saiam do seu interior. Estas dicas simples ajudarão a recuperar a sua compostura. Assim, as suas próximas palavras serão mais razoáveis e construtivas. Assim, pode continuar a jogar o jogo do conflito com um novo estado de espírito.

- fazer um movimento de cobra; não enfrentar as forças da natureza. Quero dizer, ir ao sabor do vento, não ficar num estado estável. A flexibilidade é a ferramenta mais poderosa a utilizar na gestão de conflitos. Permite-lhe construir argumentos com base nos argumentos dos outros. Desta forma, consegue-se um discurso que funciona tanto para os outros como para si.

- adotar uma mudança rápida; tentar dar uma imagem aos outros de que não é rígido. Faça-os saber que as suas posições são muito manejáveis, consoante o contexto. Esta mudança, se ocorrer de forma inesperada, irá alterar o jogo a seu favor. Influenciará dramaticamente a posição do outro no conflito, mostrando como é fácil abrir as atitudes para se adaptarem a qualquer situação.

Os conflitos são boas oportunidades para descobrir as nossas profundezas, conhecer a visão oculta dos membros da equipa e garantir um espaço de trabalho mais livre onde a inovação possa encontrar as suas raízes.

A.5. Valores da equipa

O conjunto de valores dentro de uma equipa constrói a cultura da empresa; é isto que entendemos da definição de Schein (1985) - "A cultura é um conjunto comum de regras, valores e crenças" (**Ref. 7**).

É importante ter um conjunto de valores comuns dentro da equipa, especialmente para as empresas que consistem em pequenas equipas que praticam actividades de inovação, como as Start-Ups. Os valores tornam a equipa forte e coesa para enfrentar as barreiras do empreendedorismo.

Ao estudarem o efeito dos factores humanos, como os valores, na organização, os investigadores Mario Javier Donate e Fatima Guadamillas citam no seu artigo (Ref. **7**) a definição de Gold et al (2001) - "As organizações que têm valores de **abertura**, **confiança** e **cooperação** podem ser mais inovadoras e dinâmicas face às rápidas mudanças do mercado". Além disso, os valores permitem que os indivíduos dentro das suas organizações prosperem entre desafios e pressões que, de outra forma, podem ser vistos como stressantes (Ref. **8**).

A "confiança" é o valor mais enfatizado na literatura que aborda as formas de gestão das equipas e das organizações:

De acordo com Sharon Mickan e Sylvia Rodger na sua revisão da literatura (**Ref. 8**), "Confiança" significa a vontade de discutir abertamente quaisquer semelhanças e diferenças nos valores defendidos pela equipa. A criação de confiança incentiva os membros da equipa a partilharem conhecimentos, atitudes, sentimentos, sucessos e fracassos, sem receio de serem diminuídos ou explorados.

A criação de um bom clima de confiança conduz ao auto-compromisso no seio da equipa e de toda a organização: o momento em que os membros da equipa fundem os seus valores individuais com os valores colectivos da equipa. Assim, cada um deles sente-se responsável pelo trabalho da equipa.

Outros valores fundamentais que encontramos na definição de Davenport et al, (1998) bem como de DeLong e Fahey (2000) citados no trabalho de Mario J. Donate e Fatima Guadamillas (**Ref 7**) - "A promoção de valores de **confiança, tolerância** de erros e **partilha de** objectivos pode melhorar drasticamente a eficácia da gestão do conhecimento e os seus resultados": a capacidade de inovação bem como a capacidade dinâmica das empresas.

Os valores da equipa tornam a empresa humana. A organização que valoriza o ser humano pode rapidamente construir uma boa marca entre as comunidades de clientes e partes interessadas, e ser bastante diferente dos concorrentes.

Manter uma crença - a crença de ser o melhor, ter uma fé comum, dentro da mesma equipa ajuda a envolver melhor os colaboradores em torno do projeto. Ajuda a facilitar a gestão de projectos complexos e dá uma boa imagem às partes interessadas e a qualquer outro ator envolvido no projeto da equipa.

Do meu ponto de vista pessoal, não vejo a necessidade de estabelecer regras fortes e hierarquias organizacionais rígidas se existirem valores reais na equipa que enfatizem a auto-motivação, reforcem o empenho dos membros da equipa e melhorem a sua capacidade de atingir objectivos.

A conclusão importante a que chego é a seguinte: uma equipa sem valor nunca poderá produzir um resultado com valor.

A.6. Organização da equipa

Qualquer organização que pretenda prosperar através da inovação enfrenta 4 grandes desafios:

- Novidade; é a resposta para: Como é que a criatividade foi aplicada na sua inovação? Ou seja, criar algo novo (ou uma nova forma de o fazer) que nunca tenha sido feito e utilizado antes. Para tal, é necessário ter o talento para conceber produtos/serviços de forma não convencional ou para combinar o que já existe e colocá-lo num novo contexto para um novo caso de utilização.

- Diferenciação; quando se é capaz de trazer algo totalmente diferente do que existe. Um produto ou um serviço que pode ser visto como estranho, mas que os clientes adoram e utilizam.

- Competitividade; é a força demonstrada pelo estilo da sua organização. É a capacidade de impor o seu estilo no mercado. Pode ser medida através do número de empresas que seguem a sua forma de fazer negócios e tentam imitar as suas estratégias, pensamentos e discursos.

- Globalidade; significa ter a capacidade de atravessar o mercado global e atrair clientes em todo o mundo. A inovação não tem nação. A inovação pertence ao globo. A inovação é feita pelo ser humano e deve ser para o ser humano onde quer que ele esteja. É essa a função da globalidade.

Assim, como podemos ver pela lista acima, trabalhar de forma inovadora tem 4 funções que não podem ser facilmente alcançadas numa empresa que já cresceu sem inovação. De facto, este crescimento pode ser a primeira barreira à inovação, especialmente para as grandes empresas.

Quando as empresas atingem a maturidade, começam a perder a arte de fazer negócios e concentram-se no lucro, produzindo soluções semelhantes que devem ser vendidas a qualquer preço. Essa é a definição de sucesso dentro de uma organização madura, como Maxwell Wessel - o vice-presidente de inovação da SAP - mencionou em seu artigo para a Harvard Business Review (**Ref 9**).

Na maioria das vezes, uma organização que regista um grande volume de negócios - seja qual for a abordagem utilizada para o conseguir - não compreende a necessidade de mudança. A mudança está no centro da inovação organizacional. Aqueles que se apercebem desta verdade e querem mudar, infelizmente dão por si presos na sua velha estrutura que não permite qualquer avanço e mata qualquer tentativa criativa. "As grandes empresas são realmente más em inovação porque foram concebidas para serem más em inovação", disse Maxwell Wessel (Ref. **9**).

Por conseguinte, as grandes organizações que são reconhecidas pela sua liderança no mercado - especialmente as que operam no domínio das TIC - tentam lidar com os desafios da inovação adquirindo start-ups recém-nascidas e as suas equipas, a fim de ajudar a trazer a mudança para o interior.

Por exemplo, Israel - a primeira nação de start-ups - beneficiou de 5 mil milhões de dólares como preço da venda das suas start-ups a grandes empresas de TI (Facebook, Google, Cisco, Apple, ...) em 2013 (**Ref. 10**).

Este número de vendas mostra a forte tendência de aquisições de pequenas empresas em fase de arranque no mercado global. É evidente o interesse das grandes organizações em tirar partido das inovações das start-ups.

As organizações de pequena dimensão - sobretudo as Start-Ups - estão mais aptas do que outras para enfrentar os desafios do mercado. As razões que podem explicar este facto são;

Estas start-ups nascem normalmente no âmbito ou na sequência de um concurso de inovação que já está a ser realizado para lançar produtos e serviços novos, diferentes e competitivos no mercado global. São construídas - originalmente - sobre estruturas inovadoras. São constituídas por um número limitado de colaboradores que vivem numa equipa em rede. Esta forma promove as relações sociais e a comunicação informal, o que é muito importante para a atividade da criatividade.

Uma empresa em fase de arranque é uma organização flexível onde não há medo do fracasso, rotinas, secretárias pesadas, hierarquia e demasiadas coisas administrativas.

Esta estrutura permite que as pessoas assumam os melhores riscos, façam coisas a partir do zero e prosperem na escassez.

As pessoas que vivem numa empresa em fase de arranque têm a coragem de entrar em situações difíceis e sair com belas ideias viáveis.

O Start-Up é um quadro vivo para aqueles que são capazes de pensar com agilidade e de se moverem proactivamente, o que é necessário para antecipar as necessidades do mercado e oferecer soluções atractivas.

A.7. Seleção das competências da equipa

"Capacidade", "Competência" e "Talento" são factores-chave para a sobrevivência de uma equipa dentro da organização.

Muitos estudos psicológicos e de gestão tomaram os conceitos de capacidade, competências e talento como tema principal de investigação. Apesar do denso material fornecido por esses estudos, não encontrámos uma definição simples e clara que distinga um do outro. Do mesmo modo, sentimo-nos perdidos na massa de informação fornecida sobre cada termo. Por isso, estamos a tentar dissecar estes conceitos-chave a partir do seu significado axiomático:

- A aptidão é a capacidade de fazer: ler e escrever, conduzir, executar uma tarefa, consertar uma coisa, realizar uma missão, etc. Requer aprendizagem e prática ao longo de toda a vida para ser bem estabelecida numa pessoa. Além disso, a capacidade pode perder-se facilmente se a pessoa que a possui pensar que atingiu o topo e deixar de aprender e praticar.

Os gestores de equipas, dentro das organizações, são responsáveis por ajudar os empregados a manter as suas capacidades. Devem conhecer as capacidades de cada indivíduo da sua equipa antes de atribuírem as tarefas do projeto. Têm de orientar os membros da equipa sobre a forma de autodesenvolverem as suas capacidades durante as suas carreiras. E isto só pode ser conseguido se os gestores de equipa forem capazes de prever a margem de crescimento da capacidade de cada indivíduo dentro das suas equipas. As capacidades dos membros da equipa representam as áreas de especialização da equipa e uma vantagem competitiva para a organização.

- Competência; é uma técnica - não necessariamente ensinada nas escolas - que adquirimos por descoberta. Esta técnica pode ser uma forma eficiente de resolver um problema, um carácter forte para aceitar um desafio, um estilo de pensamento não convencional ou um comportamento invulgar para fazer as coisas...

As pessoas hábeis são aquelas que normalmente se recusam a estar no mesmo banho que os outros; não se sentem satisfeitas com o seu trabalho normal, querem ir até à perfeição, querem inspirar o mundo, deixam o normal em prol da mudança.

Atingir a área de competência exige sair do padrão, rejeitar o estado de vida estável e ultrapassar os limites sem medo de perder. É isto que mais distingue os empresários dos outros. Pode levar-nos uma vida inteira até encontrarmos a nossa área de competência. Na maioria das vezes, este percurso de vida é definido pela luta contra o destino. "O destino contra o qual lutamos para mudar não é como aquele que aceitamos por medo de mudar."

O processo de descoberta de competências e a forma de as selecionar no seio de uma equipa é fundamental para reforçar a estrutura da organização. A seleção das competências da equipa está fortemente associada às necessidades do mercado e à sua evolução. Assim, a capacidade do gestor de uma equipa para escolher a competência certa para a tarefa certa e para preencher qualquer lacuna de competências que exista na equipa é bastante determinante para a competitividade da organização.

- O talento é algo inato. Pode ser visto facilmente numa idade precoce, como o talento para cantar, representar, jogar futebol ou programar computadores. É uma dádiva de Deus. É difícil obtê-lo apenas por se sentar nas cadeiras da escola, ou adquiri-lo depois de uma certa idade. Tirar partido de um talento exige muito esforço e treino.

Há quem defenda que o talento é um carácter hereditário transmissível - como se encontra no livro "Conceptions of Giftedness" (**Ref. 11**). Isto abre o campo para dizer que o acaso é um fator importante na obtenção e desenvolvimento de talentos.

De acordo com a mesma fonte (**Ref. 11**), a oportunidade aqui é tudo o que está relacionado com o ambiente do talento: como a família em que o talento é criado, a qualidade dos cuidados que recebe e a disponibilidade de programas de melhoria do talento na escola do bairro. O talento é como uma criança, precisa de uma boa educação. Agora, temos que lembrar que "Habilidade ψ Talento".

Como referimos acima, na explicação de "Competência", o processo de descoberta de competências é vital para a construção de equipas vencedoras. Para isso, a contratação de novas competências é uma questão prioritária dentro de uma organização feita para inovar continuamente e fazer coisas criativas. Neste contexto, Matt Mullenweg - fundador do WordPress e CEO da Automattic - mostra a abordagem da Automattic para construir uma equipa forte (**Ref. 12**): "Try-outs" é a sua abordagem para identificar competências reais e responder às necessidades da empresa. Na Automattic, eles não usam "entrevistas de emprego" para descobrir colegas de trabalho qualificados. Em vez disso, colocam os candidatos num processo de teste e avaliação que dura três a oito semanas. Durante este período, os candidatos assumem responsabilidades dentro da organização como os restantes funcionários. Contribuem para a resolução dos problemas da organização e para a execução de todas as missões. "O objetivo por detrás deste processo não é fazer com que terminem um produto ou façam uma determinada quantidade de trabalho; é permitir-nos avaliar rápida e eficazmente se esta seria uma relação mutuamente benéfica" - afirmou o CEO. Para reconhecer o esforço feito pelos candidatos, a Automattic decidiu pagar um valor padrão de 25 dólares por hora, quer o candidato seja finalmente selecionado para ocupar o cargo ou não. No final do processo de "Try-outs", os gestores da equipa da Automattic recebem um feedback claro sobre as competências dos candidatos. Assim, eles podem saber quais habilidades podem atender às necessidades da organização.

A.8. Cultura de feedback

Vivemos, atualmente, na era da informalidade. Realizamos a maior parte das nossas actividades diárias de uma forma não estruturada. Tornamo-nos cada vez mais sociais e orientados para a família dentro das nossas organizações. Passamos horas atrás dos nossos ecrãs nos nossos quartos por causa do prazo de entrega de uma encomenda ou de uma necessidade urgente de um potencial cliente.

Alguns consideram este estilo de trabalho como um bom incentivo à criação e à inovação. Este estilo de vida profissional começa a ser adotado por muitos outros graças à existência de milhares de aplicações que ajudam a tornar a criatividade informal e a aproveitar novas oportunidades tanto de fora como de dentro do ambiente de trabalho.

De facto, na maioria das vezes, as grandes ideias surgem nos nossos espíritos quando estamos fora do horário de trabalho. Isto deve-se ao facto de continuarmos a levar as preocupações do trabalho para fora do escritório e a pensar nas necessidades dos clientes durante os nossos passeios ou pausas para café. E isso leva-nos a manter sempre o contacto com os nossos colegas de trabalho e a trabalhar informalmente em qualquer lugar. "Existem oportunidades importantes dentro e fora das paredes das empresas", Don Tapscott citou no prefácio do livro de Niall Cook - Enterprise 2.0: How Social Software Will Change the Future of Work (**Ref. 13**). Don Tapscott disse ainda que o local de trabalho das empresas tradicionais foi totalmente transformado num "local de trabalho wiki", onde as novas ferramentas sociais (como as redes sociais, wikis, etiquetas, filtragem colaborativa, software de brainstorming, telepresença e outras ferramentas) estão a permitir abordagens mais poderosas à comunicação, cooperação, colaboração e ligação.

Assim, esta panóplia de tecnologias sociais e de aplicações com acesso à Internet revolucionou efetivamente o contexto social do trabalho em várias empresas. Estas ferramentas mantêm-nos muito mais ligados do que em qualquer outra altura. Proporcionam-nos soluções fáceis de utilizar para gerir discussões e gerar ideias de forma rápida, ágil e eficiente.

No entanto, os resultados não estruturados no final do processo de trabalho informal continuam a ser uma grande preocupação.

Para beneficiar desta informalidade e obter uma verdadeira inovação para a organização, temos de estar familiarizados com o "processo de feedback" nas nossas actividades diárias. A criação de feedbacks está no centro da Gestão do Conhecimento Organizacional.

Todos os dias lemos, na Internet, artigos que descrevem novas ferramentas inovadoras como tentativas de automatizar a gestão do conhecimento informal. Estas ferramentas são sempre concebidas para serem utilizadas em contextos bem definidos. Estão ainda um pouco longe da gestão da atividade informal de uma forma muito eficiente. Neste contexto, o comportamento humano é visto como o principal fator de produção de feedbacks úteis.

Seguem-se algumas dicas - do que praticámos e aprendemos enquanto equipa de arranque - que podem ajudar a criar uma cultura rica em feedback em torno dos seus projectos:

- Durante as suas discussões informais, mantenha uma caneta e um post-it perto de si. Anote tudo o que possa parecer útil ou crítico. Estas notas ajudam muito a recolher ideias instantâneas e ideias interessantes. Depois de terminar a discussão, tente combinar as frases que obteve de uma forma estruturada e faça uma espécie de relatório curto. Este relatório servirá como um bom feedback quando regressar ao seu escritório e falar com o chefe da sua equipa.

- Certamente que passa algum tempo a controlar as últimas novidades dos seus concorrentes nas suas redes sociais. Por isso, não perca a oportunidade de comentar por baixo das fotografias ou vídeos dos seus produtos para obter as suas interacções. As interacções, uma vez analisadas, fornecem informações profundas sobre as tendências do mercado. Ao utilizar este feedback social, pode prever a próxima novidade criativa.

- tente rever as interpretações que fez com os seus co-inovadores entre os corredores da empresa. Colocar estas interpretações num relatório estruturado - ou apenas numa bela apresentação em PowerPoint - pode alargar a sua visão e trazer-lhe diferentes alternativas.

- não subestime os seus pequenos pensamentos. Quando uma pequena coisa lhe vem à cabeça, entre as reuniões de trabalho ou durante uma pausa para café, deve ter uma razão. Pesquise no Google ou noutro sítio qualquer o que lhe veio à cabeça. Dê a esse pequeno pensamento um tempo para crescer; pode ser que mude de ideias. E lembre-se: construir um pequeno feedback sobre um pequeno pensamento pode ser muito útil para a organização no futuro.

Assim, o trabalho num ambiente rico em feedback requer um comportamento aberto capaz de comunicar: receber e dar feedback. A criação de feedbacks ajuda a manter a aprendizagem e a efetuar melhorias contínuas dentro da organização. É a melhor forma de captar valores da troca informal de conhecimentos. Constitui uma fonte valiosa de desempenho.

A.9. Necessidade de reconhecimento

O envolvimento na esfera da inovação global tem sido uma obrigação para várias empresas. Isto deve-se à abertura dos mercados e ao superpoder de comunicar com os clientes graças à Internet e às redes sociais. As necessidades dos clientes estão a tornar-se mais diversificadas. Cada cliente tem um desejo diferente e quer obter uma oferta especial. As empresas são assim solicitadas a fornecer produtos de ponta e serviços inovadores, se quiserem manter-se competitivas e ganhar a corrida do mercado.

Para cumprir o objetivo de inovar, as organizações estão a abandonar as suas antigas estruturas e a tentar construir novas formas de prosperidade. Trata-se de encontrar uma boa forma de apanhar uma ideia criativa e transformá-la em valor no mercado. As ideias criativas estão na origem das verdadeiras oportunidades. As oportunidades podem vir de várias fontes, quer do exterior quer do interior.

Para promover a criatividade dentro das organizações, são criados novos ambientes de trabalho para ajudar os trabalhadores a libertarem o seu poder de inovação. Assim, vemos muitas empresas a confiar neste poder humano para lançar bons produtos e serviços. No entanto, promover as condições para a inovação pode não ser suficiente. A inovação tem de ser promovida, mas também precisa de ser reconhecida e recompensada para obter melhores resultados. "Apoiar um ambiente criativo exige que a inovação seja reconhecida, alimentada e recompensada" - como se pode ler no relatório do The American Productivity & Quality Center (APQC) (**Ref. 14**).

A atribuição de prémios aos colegas de trabalho e colaboradores após um concurso de inovação ou um evento hackathon manterá a comunidade muito motivada e concentrada na missão e nos objectivos da empresa. É uma forma de mostrar a todos os co-inovadores que qualquer nova iniciativa viável e útil encontrará o apoio e o reconhecimento merecidos. Além disso, é uma estratégia eficiente para identificar oportunidades de desenvolvimento ou melhoria de produtos.

Proporcionar uma oportunidade a qualquer pessoa dentro da organização para fazer ouvir a sua voz e ser reconhecida irá reforçar a cultura da inovação. Além disso, esta abordagem à inovação - a inovação participativa - ajudará a construir uma relação forte com os clientes - uma relação baseada na confiança mútua; os clientes acreditarão na empresa que acredita nos seus empregados.

Reconhecer e recompensar as iniciativas criativas ajuda a promover o empenhamento dos empregados. Ajuda-os a ter mais confiança em si próprios. De facto, envolver os empregados no processo de pensamento da empresa durante a geração de conceitos ou casos de utilização para novos produtos torna-os mais convincentes quando falam com os clientes.

Ser reconhecido por uma grande ideia garante a continuidade do processo de criatividade e torna a atividade de inovação mais sustentável.

Após este resumo do que aprendi com a nossa curta experiência empresarial - que ainda está em curso - vamos analisar o processo de criação do nosso produto inicial e o contexto em que a ferramenta "M-Health" irá funcionar.

REFERÊNCIAS

Ref 1. Sítio Web de Daniel Goleman, http://www.danielgoleman.info/biography/, consultado em 14th de março de 2014.

Ref. 2. Daniel Goleman on Leadership, https://www.youtube.com/watch?v=uwajYv0gS1U, consultado em 14th março de 2014.

Ref. 3. FANGET, F. (2003). OSER : TERAPIA DA CONFIANÇA EM SI MESMO. Odile Jacob. Paris, pp. 7-30.

Ref. 4. Ivan Joseph sobre The Skill of Self Confidence, http://youtu.be/w-HYZv6HzAs, consultado em 17th março de 2014.

Ref. 5. MINTZBERG, H. (2005). Des managers, des vrais! Pas des MBA : Un regard critique sur le management et son enseignement. Traduzido com a ajuda do Centro Nacional do Livro, pp. 83.

Ref 6. MICHELIK, F. (2008). La relation attitude-comportement : un etat des lieux. Revue Ethique et Economique / Ethics and Economics, Vol. 6, No. 1, pp. 2.

Ref 7. JAVIER DONATE, D., & GUADAMILLAS, F. (2011). Factores organizacionais de apoio à gestão do conhecimento e à inovação. Journal of Knowledge Management, Vol. 15, No. 6, pp. 890914.

Ref 8. MICKAN, S., & RODGER, S. (2000). Características das equipas eficazes: uma revisão da literatura. Australian Health Review, Vol. 23, No. 3.

Ref 9. WESSEL, M. (2012). Porque é que as grandes empresas não conseguem inovar. Harvard Business Review, http://blogs.hbr.org/2012/09/why-big-companies-cant-innovate/, consultado em 25th março 2014.

Ref. 10. SILICONWADI. (2014). Un service sur-mesure pour investir efficacement dans les start-ups. http://siliconwadi.fr/13546/un-service-sur-mesure-pour-investir-efficacement-dans-les-start-ups, consultado em 25th março de 2014.

Ref 11. STERNBERG, R. J., & DAVIDSON, J. E. (2005). Conceptions of Giftedness - Segunda Edição. CAMBRIDGE UNIVERSITY PRESS, pp. 107-108.

Ref. 12. MULLENWEG, M. (2014). The CEO of Automattic on Holding "Auditions" to Build a Strong Team. Harvard Business Review, http://hbr.org/2014/04/the-ceo-of-automattic-on-holding- auditions-to-build-a-strong-team/ar/2, consultado em 27th março de 2014.

Ref. 13. COOK, N. (2008). Enterprise 2.0: How Social Software Will Change the Future of Work. Gower Publishing Limited (Inglaterra) & Gower Publishing Company (EUA), páginas do prefácio.

Ref. 14. LEAVITT, P. (2002). Rewarding Innovation. The American Productivity & Quality Center (APQC), http://www.providersedge.com/docs/km_articles/rewarding_innovation.pdf, pp. 1.

Contexto de África: cuidados de saúde - tecnologias da informação

1. Cuidados de saúde em África: em particular, na África Subsariana (ASS) - Efeitos epidémicos

2. Necessidade de uma mudança de paradigma na prestação de serviços de saúde na região da África Subsariana

3. O papel das tecnologias da informação na facilitação do acesso aos cuidados de saúde

4. Aspectos da tecnologia móvel em África

B.1. Cuidados de saúde em África: em particular, na África Subsariana (ASS) - Efeitos epidémicos

Vamos explorar o estado atual da saúde na região da ASS através da leitura de alguns inquéritos realizados pelas Organizações Mundiais do Homem e da Saúde:

A população africana está atualmente a sofrer um movimento populacional significativo. Representa atualmente 13,8% da população mundial. No entanto, o número de trabalhadores no sector da saúde - em África - representa apenas 1,3% dos profissionais de saúde no mundo (**Fig. B.1**). A causa mais provável é o número de trabalhadores qualificados que emigram anualmente de África para os países desenvolvidos - cerca de 20.000 por ano (**Ref. 1**).

Outras observações da paisagem socio-popular africana revelam uma situação crítica. Por exemplo, todos os anos, na África subsariana, morrem cerca de 12 milhões de pessoas (**Ref. 2**). As causas de morte são em grande parte desconhecidas para a maioria das pessoas. A África do Sul também foi marcada por um grande número de mortes - entre 1997 e 2002 (aumento de 57%). As epidemias de SIDA são a principal causa (**Ref. 3**). Assim, a esperança de vida atual dos africanos é, em média, de 46 anos. É o nível mais baixo entre os países subdesenvolvidos (**Fig. B.2**) (**Ref. 1**).

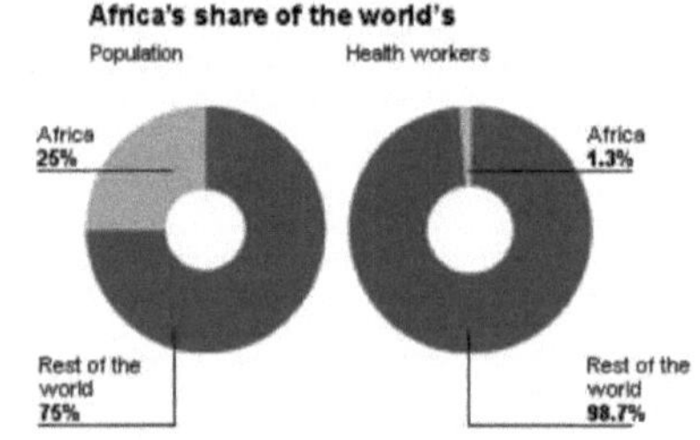

Fig B.1 - Percentagem de África (população mundial, número de profissionais de saúde)

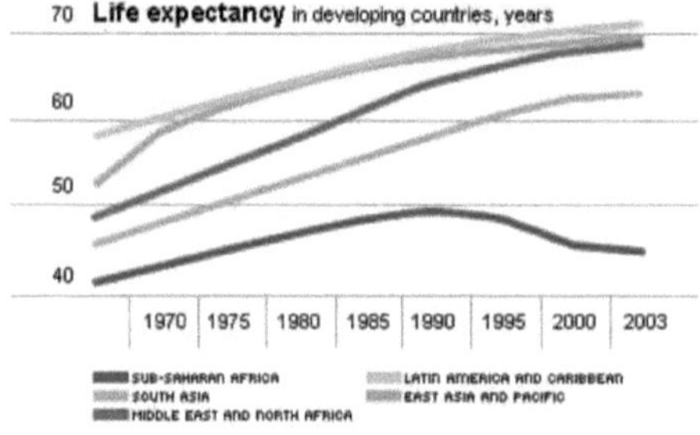

Fig B.2 - Esperança de vida nos países subdesenvolvidos

A negligência sanitária em África está na origem da propagação dramática de doenças que, na maioria das vezes, conduzem a epidemias difíceis de controlar. Entre 1997 e 2001, a África do Sul registou um aumento de duas mortes por tuberculose, gripe e pneumonia, três infecções oportunistas associadas ao VIH. O número de mortes devidas à tuberculose aumentou 131% em quatro anos (estimadas em 22 021 em 1997 e 50 872 em

2001) e as mortes devidas à gripe e à pneumonia aumentaram 197% (de 11 503 para 31 495 durante o mesmo período) (**Ref. 3**).

Outra epidemia comum nos territórios africanos é a meningite meningocócica. Esta forma bacteriana de meningite afecta a membrana cerebral, causando uma infeção grave das meninges. Pode causar lesões cerebrais graves e, na ausência de tratamento, é fatal em 50% dos casos. A zona subsariana afetada pela meningite estende-se de oeste para leste, do Senegal à Etiópia. É a região que regista o maior índice de doenças. Durante a época epidémica de 2009, 14 países africanos puseram em prática um sistema de monitorização melhorado. Identificaram 88.199 casos suspeitos, incluindo 5352 mortes, o número mais elevado desde 1996. (**Ref. 4**)

Tendo em conta estas estatísticas e observações, as epidemias são de facto uma grande preocupação no continente. Reduzir os efeitos das epidemias deveria ser uma missão prioritária dos governos da ASS.

B.2. Necessidade de uma mudança de paradigma na prestação de serviços de saúde na região da África Subsariana

Tentamos obter uma visão geral das abordagens utilizadas para prestar serviços de saúde aos cidadãos da SSA:

Em África, e em especial nas zonas remotas, as infra-estruturas públicas de base, como a eletricidade e a água, são geralmente inexistentes. Foram efectuados muitos investimentos que revelam uma melhoria gradual e progressiva. No entanto, o sistema de saúde é muito limitado, como o demonstra o estado dos dispositivos médicos e o funcionamento do equipamento de laboratório. Uma realidade angustiante: encontrar um microscópio operatório pode ser muito difícil. A partir dos anos 2000, havia um microscópio para 100.000 pessoas no Malawi, sendo que quase metade estava fora de serviço ou necessitava de reparação (**Ref. 5**). É evidente que um sistema médico deste tipo não pode satisfazer as necessidades dos doentes.

Além disso, os estudos mostram o elevado custo dos cuidados de saúde na África Subsariana. No hospital central de Kampala, no Uganda, estão disponíveis, em média, 2 frascos de cultura de sangue por área, todas as semanas. Os tubos de recolha de sangue são reutilizados. Mais alarmante ainda, as punções lombares são por vezes efectuadas com a condição de o doente comprar o kit médico necessário (**Ref. 6**). Atualmente, as despesas de laboratório são muitas vezes proibitivas nesta região onde 38% da população vive com menos de 1 dólar por dia e com um rendimento nacional bruto de 496 dólares per capita (**Ref 2**).

O Mali é outro país em que o sistema de saúde falhou e em que a distribuição dos serviços de saúde à população não é equitativa. Um estudo que avaliou o impacto das iniciativas de Bamako na prestação de serviços de saúde mostrou que as pessoas ricas tinham um maior acesso a recursos laboratoriais e a cuidados em clínicas privadas (**Ref. 7**).

Na maioria dos países da SSA, a decisão de enviar uma amostra médica de um doente para um laboratório privado ou público varia na mesma sala do hospital, dependendo do critério do médico, do estatuto socioeconómico dos doentes e da reputação do laboratório.

O acesso dispendioso aos laboratórios médicos não é o único obstáculo à aquisição de um sistema de saúde adequado na região da SSA. A gestão médica carece de muita conformidade e eficácia. Nos hospitais africanos, acontece frequentemente que os diagnósticos baseados em sinais e sintomas clínicos são inespecíficos e pouco fiáveis. No Malawi, 40% dos doentes receberam um diagnóstico positivo de tuberculose pulmonar em hospitais rurais, tendo depois recebido um resultado negativo após consulta de um laboratório central de referência (**Ref. 8**).

Encontramos um caso semelhante nos Camarões; na sequência do aumento do número de casos de febre tifoide, um inquérito a 20 estabelecimentos de cuidados de saúde revelou que o desempenho dos laboratórios era limitado e que as interpretações erróneas dos resultados eram provavelmente a causa dos erros de diagnóstico (**Ref. 9**). No mesmo contexto, no Uganda, onde a incidência de tuberculose é superior a 63 000 casos por ano (**Ref. 10**), o laboratório nacional de tuberculose trata apenas 300 casos por mês em todo o país.

A realidade das condições de saúde em África continua a ser muito sombria; uma avaliação realizada em hospitais distritais no Quénia revelou que, apesar da disponibilidade de análises ao sangue, a hemoglobina não foi medida em 15% das crianças com história clínica compatível com anemia ou malária (**Ref. 11**).

Estes últimos exemplos citados, no Quénia e no Uganda, evidenciam uma correlação entre a falta de dados sobre os doentes e o grande número de casos não tratados. A incapacidade de recolher as amostras médicas necessárias para os testes, associada à falta de ferramentas para analisar a informação clínica recolhida, conduz a uma situação alarmante: dificuldade de diagnosticar doenças, má tomada de decisões e incapacidade de controlar a saúde da população.

Tudo isto coloca a África numa situação de emergência, para a qual seria necessária uma mudança radical que afectasse o sistema de saúde e todos os intervenientes no sector da saúde. Aqui, a Internet e as tecnologias de ponta podem ser vistas como ferramentas alternativas para uma saúde mais democratizada, mais económica e mais eficiente.

Com efeito, as ferramentas de alta tecnologia que permitem o tratamento das informações de saúde, ou muitas vezes conhecidas como "conhecimento do paciente", revelam perspectivas promissoras para melhorar as plataformas médicas e aumentar o acesso aos cuidados, tornando-os acessíveis a todos, independentemente da sua idade, sexo e situação económica.

Estas ferramentas ajudarão grandemente os governos a desenvolver "a capacidade de reconhecer padrões [de saúde], a capacidade de identificar as causas profundas, a capacidade de atuar com base nos conhecimentos adquiridos, a capacidade de fazer tudo isto rapidamente, trabalhando em colaboração através de fronteiras, fusos horários, sistemas sociopolíticos e culturas" (**Ref. 12**).

B.3. Papel das tecnologias da informação na facilitação do acesso aos cuidados de saúde

Para os médicos e especialistas em saúde, o principal desafio é garantir a mobilidade e a ubiquidade dos seus serviços e conhecimentos, ou seja, satisfazer as necessidades do doente em diferentes locais e em diferentes momentos. O pedido de saúde necessita de uma resposta rápida e a tomada da decisão certa no momento certo só pode ser conseguida se os agentes de saúde dominarem o fluxo de dados dos doentes: ou seja, recolherem, gerirem e analisarem os seus dados de uma forma fiável, flexível e prática.

Para o conseguir, será mais do que necessário explorar o poder de mudança das TIC (Tecnologias da Informação e da Comunicação) no domínio da saúde. Uma utilização criativa das TIC pode remodelar a experiência dos utilizadores com os seus problemas de saúde e colocá-los no centro do processo de saúde.

De facto, os sistemas informáticos móveis e omnipresentes estão a emergir como soluções para uma saúde eficaz e acessível. Permitem que os pacientes recebam bons serviços e ultrapassem as limitações das infra-estruturas de saúde tradicionais. A tecnologia móvel (dispositivos e aplicações móveis) assegura a aquisição de cuidados de saúde ao mais alto nível. Graças à sua pequena dimensão, portabilidade, capacidade de armazenar energia e adaptabilidade a diferentes plataformas, os dispositivos móveis (smartphones, PDA, tablets móveis, etc.) podem melhorar a comunicação entre os prestadores de cuidados e os beneficiários.

Um sistema de saúde omnipresente tem a importante vantagem de reduzir os procedimentos médicos convencionais. Esse sistema permitirá que o pessoal médico tenha acesso, a partir de qualquer lugar e a qualquer momento, aos dados dos doentes através de telemóveis e dispositivos sem fios. Os smartphones, por exemplo, num sistema de cuidados de saúde móveis, permitem uma gestão imediata e dinâmica da informação clínica. Garantem a verificabilidade, a transparência e a sincronização dos dados.

Mesmo em zonas desconectadas, os dispositivos móveis podem ser úteis pela sua capacidade de computação e tratamento. A elevada utilidade destes dispositivos, mesmo em modo assíncrono (ou offline), deve-se aos seguintes factores (**Ref. 13**)

- A taxa de erro num sistema de saúde de controlo convencional é elevada, especialmente nas regiões subdesenvolvidas. Os custos dos serviços de saúde são também bastante elevados nesses locais remotos.

- A recolha de informações de saúde pode ser feita sem contacto direto com o doente (aplicações móveis, preenchimento remoto de formulários de saúde, acompanhamento automatizado... etc.).

- O número de médicos especialistas não cobre os casos a tratar: isto leva à ignorância de alguns casos e, frequentemente, o pessoal médico e semi-médico chega a um estado de excesso de trabalho e de insuficiência.

Assim, o objetivo final de um sistema informático de saúde (plataforma e/ou aplicações) é garantir a qualidade e a igualdade de acesso aos cuidados de saúde para todos e prestar assistência na tomada de decisões em matéria de saúde.

O sistema basear-se-á numa arquitetura centrada no utilizador, em que o doente se torna a componente axial do ciclo de cuidados de saúde. Os principais contributos desta arquitetura, para o paciente utilizador, podem ser resumidos nos seguintes pontos

- Reduzir os riscos para a saúde através de um acesso mais rápido à informação clínica, por vezes crítica para a vida humana.

- Redução dos atrasos devidos aos condicionalismos de acesso à informação anteriormente impostos pela plataforma médica tradicional e pelo processo em papel.

- Um processamento mais rápido dos pedidos dos pacientes, obtendo assim resultados muito mais rápidos do que anteriormente.

Além disso, as ferramentas da plataforma informática de saúde permitem fixar uma estratégia de acompanhamento contínuo dos doentes, bem como ir além do simples contacto no dia da consulta médica. Através da gestão dos fluxos de dados dos utentes, estas ferramentas facilitam o reconhecimento do perfil dos doentes e a satisfação das suas necessidades.

Além disso, os sistemas informáticos de saúde proporcionam mobilidade ao doente através da mobilidade dos seus dispositivos. Torna a deteção de comportamentos clínicos mais flexível: de facto, o comportamento clínico é visto mais facilmente em movimento, o que ajuda a aprender o perfil do doente e, em seguida, a tomar a decisão médica mais adequada.

O financiamento de projectos de cuidados de saúde também apresenta uma preocupação real na África Subsariana. Neste contexto, o desenvolvimento de aplicações móveis de cuidados de saúde parece mais razoável em termos de custos: as tecnologias informáticas móveis e/ou omnipresentes optimizam os custos dos cuidados de saúde e ultrapassam as restrições orçamentais significativas impostas pela instalação de um laboratório em África. Os novos projectos tendem a "virtualizar" toda a arquitetura da plataforma médica utilizando o conceito de "laboratório na nuvem", o que significa a utilização de capacidades informáticas na nuvem para servir mais pacientes com soluções de saúde mais eficientes.

De facto, o número de assinantes da Internet e a taxa de penetração dos dispositivos móveis no mundo estão a aumentar exponencialmente: 75 % da população mundial tem agora acesso a um telemóvel. Isto justifica o consequente crescimento do sector "m-health": "em 2017, o mercado da saúde móvel está estimado em 23 mil milhões de dólares. E, em particular, o mercado dos serviços de monitorização médica parece muito promissor, com uma estimativa de 1,2 mil milhões de dólares, dos quais 90% dizem respeito a soluções para a gestão de doenças crónicas". (**Ref. 14**)

B.4. Aspectos da tecnologia móvel em África

"Durante a última década, África deu passos notáveis no desenvolvimento económico. A rápida urbanização, o aumento do poder de compra dos consumidores e o interesse e investimento empresarial sem precedentes combinaram-se para produzir algumas das taxas de crescimento do PIB mais elevadas do mundo.

Uma das características desta história de crescimento tem sido o rápido aumento das telecomunicações móveis. Em todo o continente, as subscrições de serviços móveis aumentaram de menos de 25 milhões em 2001 para cerca de 720 milhões em 2012 (**Fig. B.3**). Assim, África ultrapassou a América Latina e tornou-se o segundo maior mercado de comunicações móveis do mundo, a seguir à Ásia.

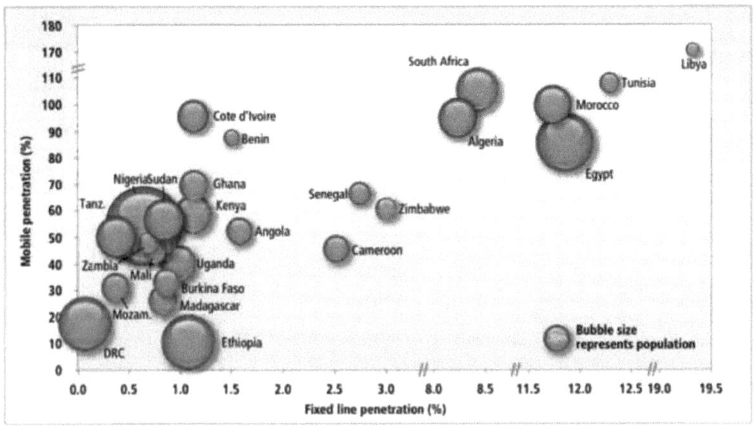

Fig B.3 - Penetração da telefonia fixa e móvel em África (2010)

A indústria móvel em África está em franca expansão, o que aumentou consideravelmente o acesso dos africanos aos mercados e serviços e estimulou a inovação e a eficiência em sectores tão diversos como a agricultura, a banca e os cuidados de saúde.

As empresas africanas têm sido pioneiras a nível mundial em domínios como os pagamentos móveis e a educação móvel. Consequentemente, o impacto da telefonia móvel no PIB foi três vezes maior em África do que no mundo desenvolvido.

A indústria móvel em África contribui com 56 mil milhões de dólares para a economia regional, o que equivale a 3,5% do PIB total. Em particular, estima-se que o ecossistema móvel empregue mais de 5 milhões de africanos e contribua para levar os serviços móveis aos clientes em todo o continente.

Os operadores móveis investiram mais de 54 mil milhões de dólares em infra-estruturas entre 2000 e 2008 para implantar redes GSM só na África Subsariana (**Fig. B.4**). Estes investimentos levaram a cobertura móvel a dois terços da população africana. Além disso, a implantação de redes 3G está a decorrer em muitos países.

Os operadores móveis impulsionaram o aparecimento de uma indústria única de serviços móveis inovadores em África. Foram lançados serviços móveis de valor acrescentado em todo o continente para permitir e apoiar a agricultura, a banca, a educação, os cuidados de saúde e a igualdade de género. Em particular, o aparecimento de transferências de dinheiro móvel e de serviços bancários móveis coloca África firmemente na vanguarda da indústria global de dinheiro móvel. Para além dos serviços móveis, a indústria móvel está também a contribuir para a distribuição eléctrica rural com menos emissões de carbono e a facilitar o trabalho das ONG em todo o continente. Muitos governos africanos deram prioridade à política das TIC como um fator-chave para o desenvolvimento". - Relatórios do McKinsey Global Institute e da GSM Association - **(Ref 15) (Ref 16)**

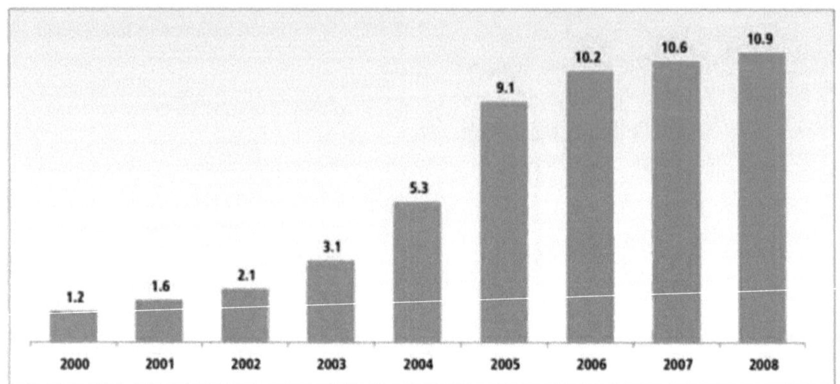

Fig B.4 - Investimento total em infra-estruturas pelos operadores móveis na África Subsariana (mil milhões de dólares)

Com base nestes dados relevantes - que mostram o enorme aumento da infraestrutura móvel em África e a dependência da tecnologia como alternativa viável em muitos sectores - podemos assumir que o continente africano está mais do que nunca pronto para adquirir novas soluções de cuidados de saúde móveis.

Eis o projeto "M-Health Discovery", uma iniciativa de jovens tunisinos que pretende ajudar os governos e as organizações de saúde - especialmente - na África Subsariana a combater epidemias - de forma automatizada - e a melhorar os seus conhecimentos sobre cada paciente através da utilização de uma aplicação móvel.

REFERÊNCIAS

Ref. 1. The Guardian News. Vital Statistics, http://www.theguardian.com/hearafrica05/statistics/0,15844,1435604,00.html, consultado em 8th abril de 2014.

Ref. 2. UNICEF. Monitoring and Statistics, http://www.unicef.org/statistics/, consultado em 8th abril de 2014.

Ref. 3. MINTER, W. (2005). Boletim AfricaFocus - África do Sul: Mortality Statistics, AIDS Action, http://www.africafocus.org/docs05/tac0502.php, consultado em 8th abril de 2014.

Ref. 4. Organização Mundial de Saúde (2012). Meningite meningocócica, http://www.who.int/mediacentre/factsheets/fs141/en/, consultado em 8th abril de 2014.

Ref. 5. MUNDY, C., & NGWIRA, M., & KADWELE, G. (2000). Avaliação do estado dos microscópios no Malawi. 94:583-4.

Ref 6. NARASIMHAN, V., & BROWN, H., & PABLOS, M. A. (2004). Responding to the global human resources crisis. Lancet, 363:1469-72.

Ref. 7 UZOCHUKWU B. S., & ONWUJEKWE O. E. (2004). Diferenças socioeconómicas e comportamento de procura de cuidados de saúde para o diagnóstico e tratamento da malária: um estudo de caso de quatro áreas governamentais locais que operam o programa da iniciativa Bamako no sudeste da Nigéria. Int J Equity Health, 3:6.

Ref. 8: HARRIES, A. D., & MICHONGWE J., & NYIRENDA, T. E. (2004). Utilização de um serviço de autocarros para o transporte de amostras de expetoração para o Laboratório Central de Referência: efeito no serviço de cultura de rotina da TB no Malawi. Int J Tuberc Lung Dis, 8:204-10.

Ref 9. NSUTEBU E. F., & NDUMBE P. M., & KOULLA S. (2002). The increase in occurrence of typhoid fever in Cameroon: over diagnosis due to misuse of the Widal test. 96:64-7.

Ref. 10. Organização Mundial de Saúde (OMS). (2004). Controlo global da tuberculose no Uganda, http://www.who.int/tb/publications/global report/2004/en/Uganda.pdf.

Ref 11. ENGLISH, M., & ESAMAI, F., & WASUNNA, A. (2004). Assessment of inpatient paediatric care in first referral level hospitals in 13 districts in Kenya. Lancet, 363:1948-53.

Ref. 12. SARIN, A. (2014). O futuro da Internet - Parte II. Relatório SAP, publicado em 9th abril de 2014.

Ref. 13. HO. M., & LUK. R., & AOKI. M. P. (2007). Applying User-Centered Design to Telemedicine in Africa (Aplicação do Design Centrado no Utilizador à Telemedicina em África). Universidade da Califórnia, Berkeley.

Ref. 14. HONG, E. La m-sante, une realite en Chine et aux Etats-Unis. L'ATELIER, http://www.atelier.net/trends/articles/sante-une-realite-chine-aux-etats-unis 428273, consultado em 20th abril de 2014.

Ref. 15. MANYIKA, J., & CABRAL, A., & MOODLEY, L., et al. (2013). Os leões tornam-se digitais: The Internet's transformative potential in Africa. McKinsey Global Institute, www.mckinsey.com/mgi.

Ref. 16. Associação GSM. (2011). Observatório Móvel Africano: Executive Summary. GSMA London Office, www.gsmworld.com.

O processo de criação da ferramenta "M-Health": Directrizes & Quadros práticos

1. Fase de ideação: Pensamento divergente / convergente

2. Conceção concetual: Quadro MVP

3. Desenvolvimento de casos de negócios: B.M.C vs B.P

4. Benchmarking dos concorrentes

5. Implementação do primeiro protótipo

6. Preparação das projecções financeiras

7. Marketing - Branding - Estratégias de criação de redes (offline / online)

8. Próximas etapas: novas melhorias

C.1. Fase de ideação: Pensamento divergente / convergente

As ideias das empresas em fase de arranque surgem frequentemente da intuição ou da experiência vivida. O sucesso de certas ideias depende principalmente da necessidade a satisfazer e da capacidade da equipa da start-up para colocar a sua ideia no mercado. Para isso, precisámos de passar por um processo de ideação para avaliar a estabilidade da nossa ideia.

O processo de ideação ocorre desde o momento em que temos o primeiro pensamento - que normalmente é bastante desestruturado - até ao momento em que acreditamos que a nossa ideia vai funcionar. É, quase na sua totalidade, um processo humano (**Fig. C.1**). Os seus resultados provarão que a equipa é criativa e pensa de forma diferente.

Fig C.1 - Processo de ideação

Assim, a nossa fase de ideação foi dividida em duas sub-etapas:

Em primeiro lugar, utilizámos uma forma de pensamento divergente. [O pensamento divergente é um processo ou método de pensamento utilizado para gerar ideias criativas através da exploração de muitas soluções possíveis de uma forma espontânea e livre" - Wikipédia (**Ref. 1**)]. Discutimos o facto de as pessoas em zonas pobres, como as regiões da ASS, estarem a lutar contra epidemias sem disporem de um verdadeiro serviço de saúde sustentável. Esta questão criou a necessidade de construir uma ferramenta que possa dar esperança a essas pessoas para uma vida melhor. Começámos a pensar na utilização de dispositivos móveis para chegar às pessoas carenciadas e comunicar instantaneamente com elas sobre os seus problemas de saúde. Dissemos a nós próprios que, se conseguíssemos obter as preocupações dos utilizadores sob a forma de consultas de texto, seríamos capazes de analisar os dados dos utilizadores e construir conhecimento sobre os seus estados de saúde. Depois, podemos obter informações profundas sobre os seus hábitos e comportamentos de saúde durante a propagação de uma epidemia.

Este processo de pensamento divergente permitiu-nos **sair das bolhas dos sonhos** e ver as necessidades dos utilizadores a partir da sua realidade.

Na segunda etapa, utilizámos um pensamento convergente ["que é o tipo de pensamento que se concentra em encontrar uma resposta única e bem estabelecida para um problema. É orientado para obter a melhor resposta, ou a resposta mais frequentemente correcta, a uma pergunta" - Wikipedia (**Ref 2**)]. Chegámos a este ponto: para obter o conhecimento da enorme quantidade de dados recolhidos dos utilizadores, será necessária uma ferramenta de análise de grandes volumes de dados eficiente e avançada. Também concordámos que **os doentes podem ser objeto de algoritmos de grandes volumes de dados** que devem ser o coração da nossa ferramenta de saúde móvel. Assim, depois de recolher as questões de saúde dos pacientes, a ferramenta processa-as e fornece-lhes recomendações de saúde adaptadas aos seus históricos e localizações.

Após este processo de ideação, a nossa proposta final foi: "© **M-Health Discovery**" consiste na implementação de um **Agente Inteligente** baseado num **algoritmo de extração de texto** para automatizar a descoberta de padrões de epidemias. Através desta ferramenta, pretendemos ajudar os governos e as organizações de saúde a abordar a epidemia de cada paciente como única, com **recomendações** adaptadas ao historial e à localização da pessoa.

O processo de ideação mostrou-nos que a inovação não é apenas um pensamento estranho ou uma reflexão instantânea; é uma ideia misturada com muitos sentimentos, coberta por uma forte convicção e cozinhada por um raciocínio poderoso. Desta forma, uma ideia inovadora pode estar viva.

C.2. Conceção concetual: Quadro MVP

MVP: é o nome abreviado de "**Minimum Valuable Product**" (**produto de valor mínimo**). Trata-se de uma estrutura prática que permite a uma equipa em fase de arranque apresentar o seu produto numa fase inicial - antes de despender muito tempo no processo de desenvolvimento. Baseia-se na regra "**Venda o seu produto antes de ele existir**".

De facto, o MVP é uma experiência em que os empresários podem testar os seus pressupostos sobre o caso que carregam. Estes pressupostos estão relacionados com as seguintes questões (**Ref. 3**):

- As pessoas querem o seu produto?

- Será que o vão pagar?

- Que conjuntos de características pretendem?

- Como é que eles vão perceber o seu produto?

Numa explicação adicional para esta estrutura, Taylor Thompson - que é membro do Fórum para o

Crescimento e a Inovação da Harvard Business School - escreveu: "o MVP consiste em abordar as pessoas que pensa que devem ser clientes e tentar vender-lhes um produto que ainda não construiu. Se lhe pagarem hoje para entregar uma solução daqui a um mês - e se conseguir construir um negócio rentável a partir dessa receita - terá validado a sua empresa. Mas o fracasso deste teste não invalida o seu caso". (**Ref. 4**)

O MVP está no centro do desenvolvimento do cliente. Permite-lhe descobrir as opiniões dos clientes sobre o seu produto de uma forma rápida, ágil e oportunista (**Ref. 3**). Assim, pode ir refinando até conseguir que o seu conceito seja melhorado com a satisfação pretendida dos clientes.

A aplicação do quadro MVP mostra a capacidade dos co-inovadores para trabalharem em algo que podem efetivamente produzir e comercializar.

Um dos métodos para aplicar o MVP, que pode seduzir com sucesso os clientes, é a utilização do Vídeo Pitch. Esta ferramenta ajuda a resumir as declarações de ideias num conceito valioso de uma só peça. Deve ser feito de uma forma atractiva e convincente. O Vídeo Pitch é, geralmente, uma animação em vídeo para realçar os aspectos mais interessantes da ideia e para ser utilizado especialmente quando se vende o conceito a investidores ou se convence uma audiência da importância do impacto de uma solução.

Alguém que queira utilizar um Vídeo Pitch como material no seu projeto deve estar ciente do que o recetor deve obter através deste conteúdo. Por exemplo, no nosso MVP para o "© M-Health Discovery", tentámos mostrar através do Vídeo Pitch o nosso caso de utilização, a técnica que utilizámos, bem como o impacto social do nosso projeto. Assim, o observador - que pode ser um cientista, um médico ou um cidadão comum - será capaz de nos compreender e de perceber o que estamos a apresentar e a vender.

Por ter produzido o resultado nesta fase de desenvolvimento do nosso projeto;

Começámos por pensar e conceber o logótipo. É uma peça importante para o conteúdo do Vídeo Pitch e para toda a estratégia de marketing. O logótipo confere uma verdadeira identidade ao conceito. É um fator-chave no processo de comunicação do produto com os clientes. Um logótipo de sucesso deve dar uma ideia da solução - para ajudar as pessoas a ligarem-se à ideia desde a primeira vista.

Assim, quisemos mostrar através do nosso logótipo (**Fig. C.2**) duas características importantes da nossa aplicação móvel: a primeira é o utilizador humano - ou o doente - que está no centro da nossa solução de cuidados de saúde, e a segunda é o motor automatizado de cuidados de saúde que é o coração da nossa ferramenta.

De referir aqui que a elevada capacidade de absorção do nosso designer foi um fator facilitador da colaboração na produção do MVP.

Fig C.2 - Logótipo © M-Health Discovery

Depois de terminarmos o logótipo - a nossa marca social e empresarial, passámos ao processo de conceção do conteúdo do Vídeo Pitch.

Como mostra o processo de conceção do conceito desenhado abaixo (**Fig. C.3**), partimos do "utilizador simples", que é o primeiro interessado no serviço prestado pela nossa aplicação. Em seguida, trabalhámos para realçar os factos dramáticos das epidemias em África. Depois, apresentámos a promessa da tecnologia móvel no continente. Nessa altura, pusemos em evidência a nossa solução - a ferramenta "© M-Health Discovery". Visualizámos como qualquer pessoa pode utilizar a aplicação de uma forma fácil e intuitiva. No final do Vídeo Pitch, chamámos a atenção para o que a nossa solução oferece de melhor do que outras soluções, em termos de acessibilidade, rapidez de resposta e personalização.

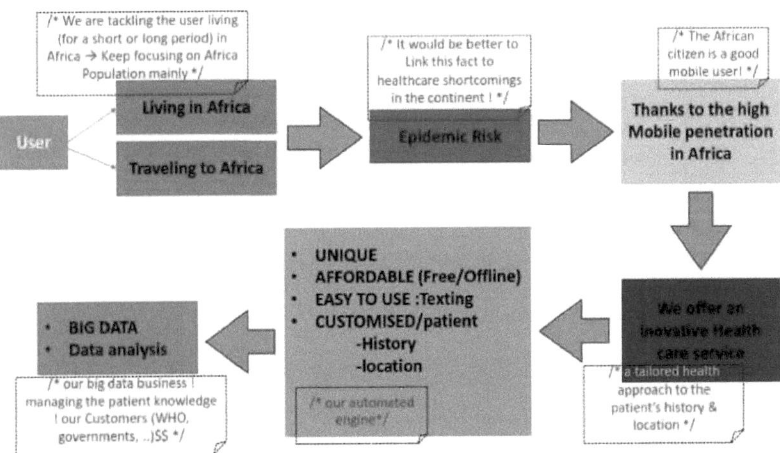

Fig C.3 - Processo de conceção

Num terceiro e último passo, o nosso designer juntou todas as notas numa peça de arte coesa. Abaixo, uma captura de ecrã do Vídeo Pitch (**Fig. C.4**): mostra a utilização da interface da aplicação por um doente que sofre de uma doença e que envia um texto (na sua própria língua e com as suas próprias palavras) para pedir recomendações (o que fazer, o que não fazer), o centro de saúde mais próximo e o que se passa à sua volta. O vídeo completo está disponível aqui [Ligação YouTube].

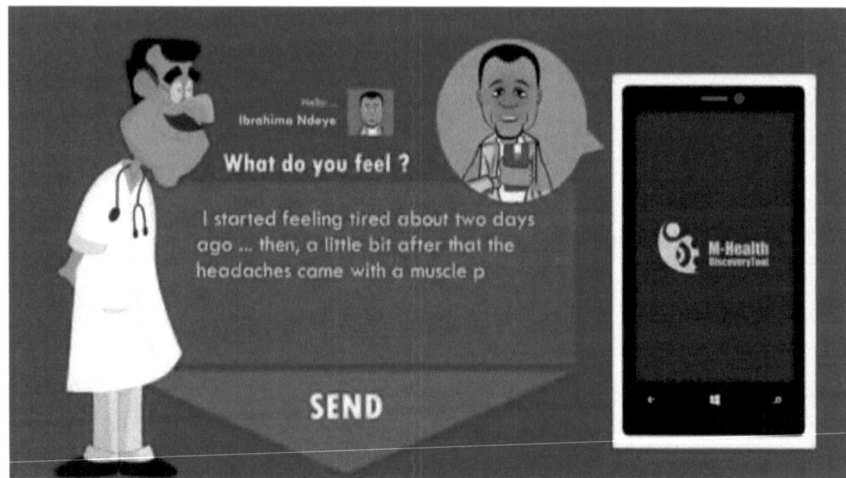

Fig C.4 - Uma captura de ecrã do vídeo - © M-Health Discovery Tool - Ver mais em (entregar o link do YouTube)

C.3. Desenvolvimento de casos de negócios: B.M.C vs B.P

As empresas em fase de arranque constroem-se rapidamente, devido à natureza das ideias que estão por detrás dos casos destas empresas. Estas ideias são, na maioria dos casos, baseadas em pensamentos loucos, anormais e excepcionais. Isto exige uma prova de conceito rápida no mercado, a fim de captar a atenção dos investidores e ganhar a confiança dos utilizadores e, posteriormente, garantir o êxito do arranque da empresa.

Assim, não podemos confiar na utilização de um Plano de Negócios tradicional para modelar um caso de negócio de start-up. Esta ferramenta de gestão empresarial, embora tenha sido amplamente utilizada e continue a sê-lo, não favorece o movimento rápido dos empresários numa abordagem de arranque. O processo do Plano de Negócios é muito pesado. Consome-nos muita energia e tempo sem que façamos coisas concretas. Uma declaração, encontrada no blogue de Paul Foster ao descrever as fraquezas do Plano de Negócios, vai diretamente ao encontro desse facto: "o processo do Plano de Negócios é valioso para não fazer nada" (**Ref. 5**). De facto - "a motivação para a criação de um plano de negócios é pensar bem nas coisas, de modo a executar bem e evitar alguns dos riscos associados a novos empreendimentos. O paradoxo é que este planeamento, embora evite o fracasso precoce, promove o fracasso final. É provável que contribua para a taxa de insucesso de 50% das novas empresas. Quando se planeia, se assegura o financiamento, se produz, se comercializa e se vende, já se investiu muito tempo, dinheiro e energia. O mais provável é que o mercado tenha mudado". (**Ref. 6**). Assim, pode não conseguir lidar com as centenas de aplicações e start-ups que já estão no mercado.

Um novo quadro foi adotado pela comunidade empresarial como um método ágil para o desenvolvimento de empresas em fase de arranque: Business Model Canvas. Foi criado por Alexander Osterwalder, Yves Pigneur & al em 2010. "Um modelo de negócio descreve o racional de como uma organização **cria, entrega** e **captura valor**" - Business Model Generation 2010 (**Ref 7**).

Consiste num processo fácil de fazer; preencher 9 caixas que representam as fronteiras do seu negócio.

Seguindo esta hiperligação do YouTube http://youtu.be/QoAOzMTLP5s, pode encontrar uma animação em vídeo que visualiza de uma forma interessante as 9 caixas de um B.M.C. e o que deve ser preenchido.

- Segmentos de clientes: pessoas ou organizações para as quais está a criar valor = simples utilizadores + clientes pagantes.
- Propostas de valor: produtos e serviços que **criam valores** para cada segmento de clientes.
- Canais: pontos de contacto para interagir com os clientes e **fornecer valores**.
- Relações com os clientes: descrição das relações que está a estabelecer com os seus clientes.
- Fluxos de receitas: como e através de que mecanismos de fixação de preços o seu modelo empresarial está a **captar valor**.
- Recursos-chave: a infraestrutura para criar, fornecer e captar valores.
- Actividades-chave: quais são os aspectos mais importantes que terá de fazer para ter um bom desempenho.
- Parceiros-chave: que o podem ajudar a potenciar o seu business canvas.
- Estrutura de custos: custos incorridos para operar o seu modelo de negócio.

A utilização do B.M.C. permite-lhe lançar o seu conceito no mercado e obter um feedback útil de forma rápida. É uma ferramenta eficiente para avaliar o valor proposto para o seu negócio sem perda de tempo e esforço.

O modelo de modelo de negócio em folha única pode ser descarregado, gratuitamente, a partir daqui http://businessmodelgeneration.com/canvas, e pode começar a preencher as 9 caixas, como já fizemos (**Fig. C.5**):

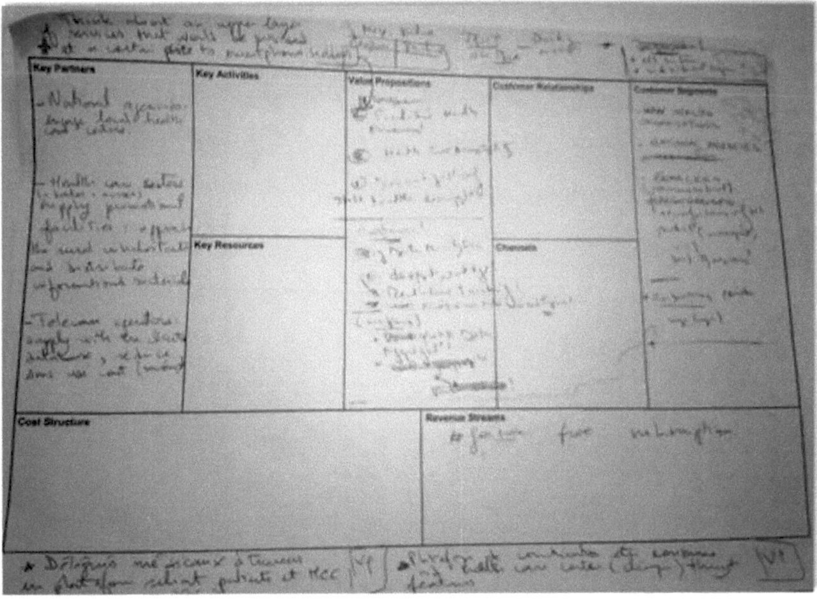

Fig C.5 - Comece a preencher as 9 caixas do Business Model Canvas, numa folha de papel.

No final do preenchimento das caixas da B.M.C para o caso "© M-Health Discovery", obtemos o seguinte resultado (**Fig**

C.6).

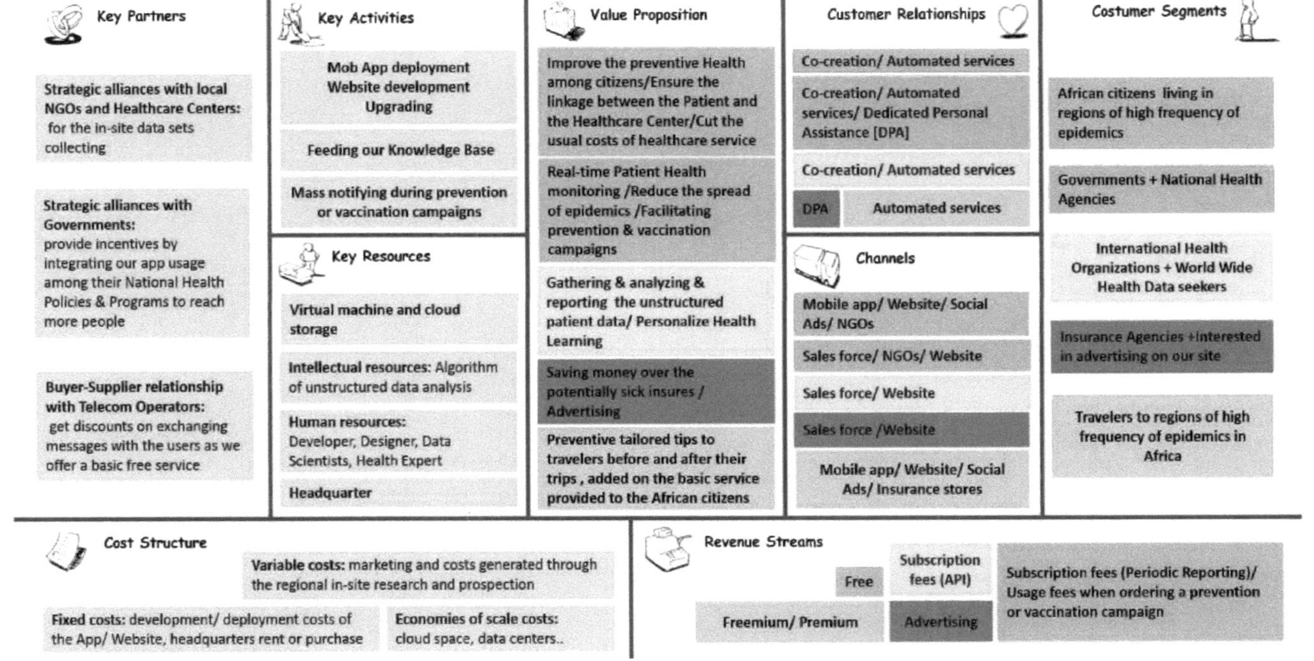

Fig C.6 - © Modelo de negócio M-Health.

C.4. Benchmarking dos concorrentes

A tendência para a criação de novas empresas no sector dos grandes volumes de dados tem sido muito acelerada. Esta indústria de centenas de milhares de milhões de dólares torna-se um íman que atrai grandes investimentos. Por conseguinte, o mercado atual está repleto de aplicações móveis que fornecem diversos serviços ligados a diferentes contextos. Por sua vez, o mercado dos cuidados de saúde está a assistir a uma vaga de aplicações que tratam os doentes de diferentes formas e com técnicas inovadoras.

Pelos factos acima citados, classificar as tendências do mercado foi uma necessidade para sabermos onde os nossos concorrentes estão a desenvolver os seus produtos, quais são os valores propostos e como nos podemos destacar da multidão.

O principal aspeto - com o qual concordámos em equipa quando considerámos esta fase - é utilizar um classificador claro e não complicado para destacar os pontos fortes e fracos dos nossos concorrentes.

Utilizámos um classificador de 3 eixos que mostram os aspectos sociais, económicos e tecnológicos dos produtos e serviços dos nossos concorrentes (**Fig. C.7**).

Competitors' products/services	Website	Social aspects	Economic aspects	Technologic aspects
HEALTH LOOP	http://healthloop.com/	✓focused on the American market (mainly USA citizens) ✓target patients who already have access to health care services	✓neglect of the **poor class** who can not pay for the usual healthcare costs	✓guide the patient through a pre-established health follow-up (quiz) ✓you couldn't express your health as you **feel**
HealthMap	http://healthmap.org/	✓covers the African continent (use of animals data, not citizens data) ✓no **personalized** health service, not **tailored** to users	✓affordable/ available solution online	✓no "**patient knowledge**" management
health	www.healthtap.com	✓focused on the American market (mainly USA citizens) ✓tailored healthcare service	✓**affordable/ mobile** solution	✓based on human-crowd processing of the "patient knowledge"
google.org Flu Trends	http://www.google.org/flutrends	✓not tailored to the person's history ✓offline users are out of service	✓affordable/ available solution - only - online	✓analyze the web-user queries on Flu ✓no access to the "**patient health ontology**"
IBM Patient Care and Insights	http://www-01.ibm.com/software/ecm/patient-care/	✓**single patients** are not in their target ✓no usage case for the ordinary citizen consumer	✓corporate healthcare solution: made to the big IT health consumers	✓EMR (electronic medical record) + **unstructured** health **data** analysis

Fig C.7 - Benchmarking de concorrentes

As palavras colocadas a **negrito** dentro deste classificador de mercado descrevem os diferenciais que estão a permitir que o nosso produto se destaque no mercado concorrido. De facto, o "© M-Health Discovery" é a única destas ferramentas que oferece uma técnica para **descobrir epidemias** através do processamento da informação **do utilizador (sentimentos)** e da estruturação do **conhecimento sobre a saúde do paciente**. E, claro, isto acontece de uma forma **personalizada** para cada paciente, de acordo com o seu historial e localização.

De notar que o "HealthMap" está a melhorar o seu serviço na área da previsão de epidemias através da sua parceria com o "The Global Animal Information System" (GAINS) - o projeto da METABIOTA para a gestão de dados sobre a vida selvagem (**Ref. 8**). No entanto, esta ferramenta ainda não fornece uma abordagem para a Gestão de Ontologias de Pacientes. Uma vez que se baseia em dados relativos ao movimento de animais, não existe conhecimento acumulado do paciente para analisar.

A IBM, por seu lado, está também a desenvolver parcerias estratégicas com laboratórios biológicos, a fim de melhorar as capacidades da big blue tech Watson na luta contra as epidemias. Uma destas relações foi já estabelecida entre a IBM e o KwaZulu-Natal Research Institute for Tuberculosis and HIV (K-RITH), na África do Sul, com o objetivo de encontrar novos tratamentos e abordagens de diagnóstico para combater a tuberculose. E o seu objetivo parece ter sido alcançado através da aplicação das técnicas de aprendizagem automática do IBM Watson para abordar a informação genómica da bactéria que causa esta epidemia (**Ref. 9**). Mas a informação proveniente do utilizador (humano) continua a não ser utilizada.

C.5. Implementação do primeiro protótipo

A criação ágil é altamente necessária no quadro de uma empresa em fase de arranque. A mudança rápida é uma especificidade importante quando se trabalha num produto de uma empresa em fase de arranque. Para fazer face à evolução das necessidades captadas inicialmente, a equipa de colaboradores deve viver num processo de mudança contínua. Em resposta a este desafio, optámos por utilizar um método de prototipagem rápida para implementar os valores propostos pelo modelo de negócio "© M-Health".

"Este método foi proposto no início da década de 1970. A prototipagem de software refere-se à atividade de criação de protótipos de aplicações de software, ou seja, versões incompletas do programa de software que está a ser desenvolvido. Um protótipo normalmente simula apenas alguns aspectos do produto final e pode ser completamente diferente deste.

A criação de protótipos tem várias vantagens:

- O designer e o implementador do software podem obter feedback valioso dos utilizadores no início do projeto.
- O cliente e o contratante podem comparar se o software produzido corresponde à especificação do software, de acordo com a qual o programa de software é construído.

- O engenheiro de software pode melhorar ainda mais a exatidão das estimativas iniciais do projeto e será capaz de cumprir com êxito os prazos e marcos propostos." - Wikipédia (**Ref. 10**)

A arquitetura técnica subjacente ao primeiro protótipo "© M-Health" é apresentada a seguir (**Fig. C.8**). De um ponto de vista técnico, a nossa aplicação pode ser executada tanto num telemóvel como num computador de secretária. Do ponto de vista comercial, o utilizador da ASS está em constante movimento devido às suas actividades diárias na região subsariana (caça, pesca, comércio... etc.). O nosso serviço deve cobrir as necessidades do cidadão africano quando este se desloca, mesmo a longas distâncias. Por isso, o facto de estarmos num telemóvel melhora drasticamente o nosso negócio. Isto permite-nos chegar a mais pessoas - onde quer que estejam -, aumentar o número de utilizadores da aplicação e recolher mais informações sobre os seus comportamentos de saúde. Assim, poderemos descobrir geograficamente o conhecimento dos doentes e seguir instantaneamente as tendências ligadas à saúde dos cidadãos - como, por exemplo, as epidemias. E, claro, isto irá trazer-nos mais subscritores para o serviço "© M-Health".

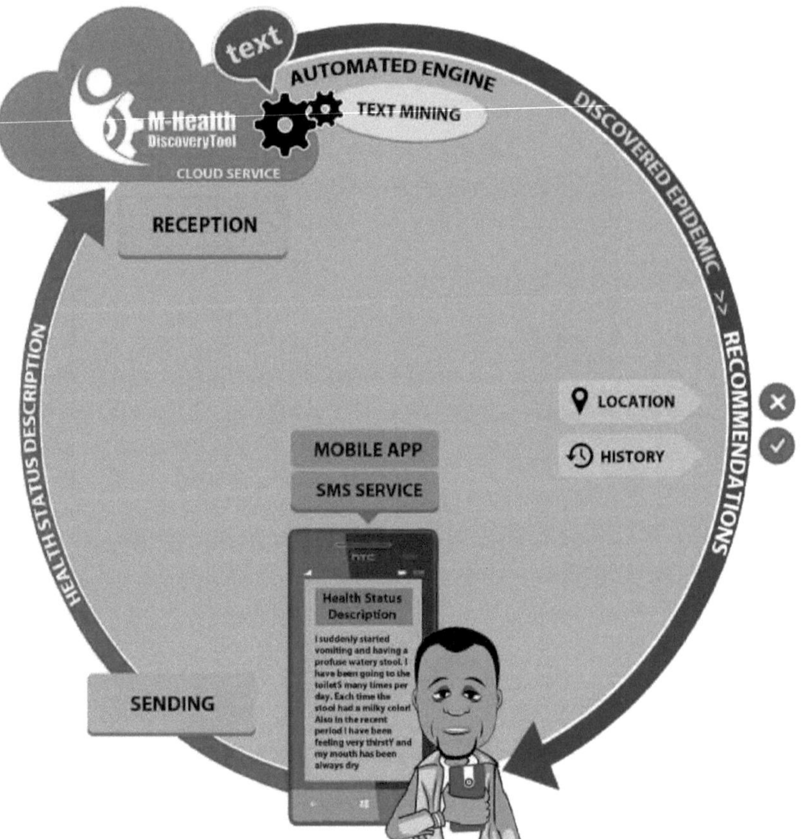

Fig C.8 - © M-Health Technical Architecture

Neste nível de prototipagem, trabalhamos com dados textuais - em diversos dialectos - que descrevem o sentimento do utilizador quando é infetado por uma epidemia (tuberculose, cólera, malária,... etc.). Para o conjunto de treino, construímos um motor que procura em fóruns de saúde pública (como, principalmente, www.ehealthforum.com) e recolhe o conjunto de descrições de saúde colocadas pelos utilizadores da Web. Os dados que estamos a recolher dos fóruns de saúde são públicos. Por isso, estamos autorizados a utilizar livremente este recurso.

Numa fase avançada - depois de angariarmos os fundos necessários - e tal como indicado na caixa "Parceiros-chave" do nosso modelo de negócio, planeamos estabelecer parcerias com ONG locais para recolher conjuntos de dados no local, na região subsariana. Estes dados serão limpos, processados com a ajuda do nosso epidemiologista e depois introduzidos nas nossas bases de dados de conhecimento com uma identificação de utilizador anónima para responder à questão da privacidade. Os dados que tencionamos recolher nos sítios locais da região subsariana serão propriedade nossa. Temos todos os direitos para utilizar, licenciar e vender o conteúdo no formato que quisermos.

As interfaces de utilizador e o serviço fornecido pela nossa aplicação estão implementados na plataforma Windows Phone (**Fig. C.9**). Veja o vídeo de demonstração completo em [http://youtu.be/bjq3ighaIjs].

Fig C.9 - Interfaces de utilizador implementadas no Windows Phone - © M-Health Discovery Tool - Ver mais em
http://youtu.be/bjq3ighaIjs

C.6. Preparação das projecções financeiras

As projecções financeiras apresentam uma extensão das duas caixas de "Fluxos de receitas" e "Estrutura de custos", mostradas no quadro do modelo de negócio (**Fig. C.6**). Serve para determinar uma estimativa do nosso lucro e organizar as despesas que devemos fazer para as actividades relacionadas com o nosso negócio.

Como se pode ver abaixo (**Fig. C.10**), as receitas, os custos e o lucro operacional da atividade "© M-Health Discovery" foram estimados ao longo de 3 anos. Para efetuar estes cálculos, utilizámos simplesmente uma folha de Excel que parece muito prática para enquadrar o nosso negócio e prever o futuro financeiro da nossa organização de forma rápida.

No entanto, uma análise financeira exaustiva continua a ser muito necessária para o ciclo de vida de uma empresa em fase de arranque - especialmente após e durante o processo de angariação de fundos. Isto é essencial para garantir a sustentabilidade de uma empresa em fase de arranque e para reter os seus investidores.

Figures are given in U.S. dollars		Year 1	Year 2	Year 3
Revenues:		100 000	557 000	932 500
Activity 1	Travelers payments	-	5 000	12 500
Activity 2	SALES on Demand (International Health Organizations)	75 000	250 000	500 000
Activity 3	Governments Subscriptions	25 000	275 000	365 000
Activity 4	Ads income	-	27 000	55 000
Variable Costs:		49 000	47 000	45 000
Activity 1	Promotional/outreach Campaigns	24 000	10 000	10 000
Activity 2	Social ads (google/facebook compaigns)	25 000	37 000	35 000
Gross Profit		51 000	510 000	887 500
Fixed Costs		104 649	105 922	107 329
Fixed 1	In-site data sets collecting	37 000	36 000	35 000
Fixed 2	Deployment costs	2 083	2 103	2 143
Fixed 3	Furniture	2 493	2 493	2 493
Fixed 4	Headquarter rent	18 000	18 000	18 000
Fixed 5	Employees costs	45 073	47 326	49 693
Operating Profit		- 53 649	404 078	780 171

Fig C.10 - © Projecções financeiras da M-Health

C.7. Estratégias de Marketing - Branding - Networking (offline / online)

A angariação de fundos é o objetivo final dos processos de marketing, branding e networking de uma start-up recém-nascida. Existem diferentes estratégias e ferramentas - quer online quer offline - que podemos utilizar para cumprir este objetivo, para dar vida ao nosso negócio e para promover a nossa iniciativa no mercado.

Seguem-se algumas ferramentas comuns que qualquer empresário pode utilizar para divulgar o seu projeto junto daqueles que podem ajudar a sustentar a vida da sua empresa:

- Brochura de marketing (**Fig. C.11**); é uma ferramenta cativante. Este material é muito útil para apresentar o seu projeto offline - durante workshops, conferências ou mesas redondas. Quando não há tempo ou internet suficiente para abrir a caixa de correio eletrónico e enviar material eletrónico, uma brochura de marketing bem elaborada é um apoio valioso para deixar nas mãos dos investidores.

- Os cartões de visita, pessoais ou de empresa, podem servir de identidade para a empresa em fase de arranque. É preferível ter estes cartões de visita - antes mesmo de ter a sua sede - para provar a sua existência online e mostrar aos investidores como podem encontrá-lo e conhecer a sua história. Um cartão de visita deve conter o endereço da sua caixa de correio eletrónico, os seus canais sociais e não esquecer de colocar o seu logótipo no cartão com dimensões visíveis.

- Comunicação social (**Fig. C.12**): é uma estratégia eficaz em termos de custos para sensibilizar a comunidade para a causa que está a defender. Pode realizar campanhas de advocacia social e obter o apoio da multidão, para além das críticas ao seu produto/serviço. Uma boa segmentação social pode ajudá-lo a envolver-se com actores mais influentes nas redes sociais. Estes dar-lhe-ão outras bocas para contar a sua história em todo o lado.

- O envio de e-mails é sempre a estratégia mais utilizada e eficaz para chegar a mais pessoas de forma personalizada. Após a realização de uma campanha de e-mail promocional, a recolha e leitura de feedbacks - positivos ou negativos - pode permitir-lhe repensar alguns aspectos do seu negócio, bem como melhorar o seu pacote de ofertas e a sua estratégia.

- Pedido de patrocínio (**Fig. C.13**); é uma carta formal e concisa onde se esclarece a necessidade de patrocínio. Tem de explicar sucintamente a sua causa, a oportunidade que pretende aproveitar - por exemplo, um evento ou um workshop em que quer participar - e a forma como vai tirar partido da mesma. Pode anexar ao pedido de patrocínio documentos que forneçam mais informações sobre a sua atividade e as suas perspectivas.

Fig C.11 - © Brochura de marketing da M-Health

Equity & Health favorited your Tweet   2h
4h @equitylist @UN @WHO Collecting & analyzing more data on African
Citizens can prevent the sudden occurrence of epidemic and ease its
burden!

Fig C.12 - Alcançar alguns actores da Saúde através das suas redes sociais e tentar apresentar a proposta de valor "© M-Health

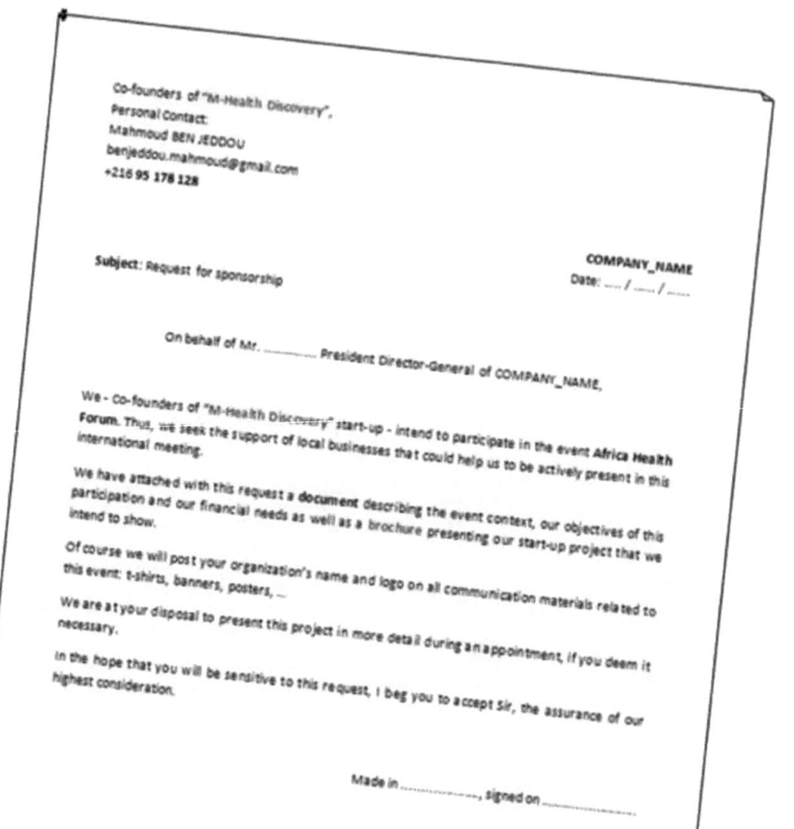

Fig C.13 - Modelo de Pedido de Patrocínio, já utilizado pela equipa "© M-Health Discovery

C.8. Próximas etapas: novas melhorias

O quadro de prototipagem - que utilizámos para implementar o nosso projeto - baseia-se fundamentalmente na melhoria contínua do produto/serviço lançado por uma empresa em fase de arranque. Por isso, à medida que avançamos, nós - a equipa "© M-Health Discovery" - devemos aperfeiçoar a nossa aplicação, acrescentar novas funcionalidades que trarão mais utilizadores e, sobretudo, reforçar a nossa visibilidade na multidão global de start-ups de saúde móvel.

Seguidamente, apresentamos as melhorias acordadas:

- Tornar-se mais acessível, através da configuração da tecnologia WAP, a fim de chegar a um público inacessível. A interface da aplicação atual será melhorada para suportar a norma técnica WAP. Assim, no segundo protótipo, o nosso serviço m-health será acessível através de 3G, cobertura de Internet WAP e também offline (serviço baseado em SMS).

- Criar um conteúdo rico para a aplicação móvel e aperfeiçoar a navegação entre as interfaces do utilizador. Vamos fornecer um conteúdo geral para aumentar a sensibilização para a saúde pública: sugerindo um conteúdo externo não ligado a uma epidemia específica, mas descrevendo regras gerais para os cuidados de saúde - de uma forma cativante; tais como pequenos resumos científicos, hiperligações para as últimas notícias sobre saúde em todo o mundo e vídeos que contam histórias de pessoas afectadas por epidemias e como vivem com as suas doenças. Assim, estamos a tentar educar as pessoas sobre como cuidar da sua saúde através da nossa ferramenta de saúde móvel. Assim, a nossa aplicação será útil para os cidadãos, mesmo sem o seu motor de descoberta estar a funcionar. E - na verdade - este é o valor que queremos que todos aproveitem. Criámos o "© M-Health Discovery" para ser uma ferramenta de aprendizagem automática nas mãos dos indivíduos e não apenas das grandes empresas com grandes recursos financeiros.

- Desenvolver uma página de destino para manter a nossa presença em linha e dar ao público algumas das nossas facetas pessoais que nos levaram a pensar numa causa tão humana. A Landing page será um sítio de uma página que incluirá o nosso Vídeo Pitch, a ligação para descarregar a aplicação, a série de desafios de inovação e competições em que estivemos envolvidos.

REFERÊNCIAS

Ref. 1. Wikipédia. (2014). Pensamento divergente, http://en.wikipedia.org/wiki/Divergent thinking, consultado em 30th abril 2014.

Ref. 2. Wikipédia. (2014). Pensamento convergente, http://en.wikipedia.org/wiki/Convergent thinking, consultado em 30th abril 2014.

Ref. 3. BAPTISTE, J. Apresentação do MVP BootCamp. Arab Mobile App Challenge - Dia da Aceleração, novembro de 2013.

Ref 4. THOMPSON, T. (2013). Construir um produto mínimo viável? Provavelmente está a fazê-lo de forma errada. Harvard Business Review, http://blogs.hbr.org/2013/09/building-a-minimum-viable-prod/, consultado em 2nd maio 2014.

Ref. 5. Foster, P. (2013). Plano de negócios vs Business Model Canvas. The Business Therapist, http://thebusinesstherapist.com/2013/04/business-model-business-canvas/, consultado em 4th maio 2014.

Ref 6. Thomas P. Miller and Associates (TPMA). Plano de negócios tradicional versus Business Model Canvas.   http://tpma-inc.com/index.php/traditional-business-plan-versus-business-model-canvas/, consultado em 4th maio de 2014.

Ref 7. VELAMURI, V. (2013). Material do curso sobre Empreendedorismo, editado na HHL Leipzig Graduate School of Management, ministrado na Escola Nacional de Engenharia de Túnis (ENIT) - Escola de verão, programa DICAMP http://dicamp.eu/.

Ref. 8: Grandes dados sobre pequenos animais: O Sistema Global de Informação Animal (GAINS) - Estudo de caso. METABIOTA, http://www.metabiota.com/media/CaseStudy-GAINS1.pdf, consultado em 8th maio de 2014.

Ref 9. SCIACCA, C. (2014). Instituto de Investigação de KwaZulu-Natal e IBM Research combatem a tuberculose na África do Sul. IBM Research News, http://ibmresearchnews.blogspot.com/2014/03/kwazulu-natal-research-institute-and.html, consultado em 8th maio 2014.

Ref. 10. Wikipédia. (2014). Software prototyping, http://en.wikipedia.org/wiki/Software prototyping, consultado em 9th de maio de 2014.

Conclusão

"© M-Health Discovery" é um projeto-piloto que deve provar os seus resultados localmente e rapidamente, antes de qualquer extensão maior. Por esta razão, a nossa adoção para o contexto africano veio em primeiro lugar. Temos uma visão mais clara dos problemas de saúde dos cidadãos africanos. Além disso, já temos acompanhado o progresso tecnológico na região de África. Além disso, um dos membros da nossa equipa tinha feito algumas investigações sobre o tema dos cuidados de saúde em África e as melhorias que podem ocorrer através da utilização das TIC desde 2011 (publicadas na revista Web para Ciências Abertas, MyScienceWork). Isto ajudou-nos a compreender o estado da arte do nosso projeto.

Estrategicamente, precisamos de trabalhar com ONG locais para implantar a solução "© M-Health Discovery" numa região subsariana: uma pequena aldeia ou uma pequena comunidade de habitantes. Isto permitir-nos-á adaptar a ferramenta de aprendizagem automática ao dialeto local, testar o seu funcionamento e mostrar o seu impacto social.

Mas a ideia - e, na verdade, a técnica - é aplicável em qualquer parte do mundo, onde há pessoas que sofrem as consequências de epidemias devido à falta de bons serviços de saúde.

Ao nível coletivo da equipa, o projeto "© M-Health Discovery" foi uma experiência rica em termos de criação de conhecimentos e de partilha de mentalidades. Descobrimos novas competências em nós próprios. Aprendemos a abrir as nossas atitudes a outras visões. Vivíamos como numa pequena família - e continuamos a viver. Lançámos o desafio de mudar o futuro da Tunísia e de contribuir para um verdadeiro progresso socioeconómico após a revolução sociopolítica da nossa grande população.

Com efeito, a Tunísia tem grandes hipóteses de se tornar uma "nação em fase de arranque", se a sua população continuar a atualizar a sua antiga mentalidade, a estar aberta a aprender com os modelos de outras nações em fase de arranque e a adquirir um novo conjunto de bens culturais globais.

Para construir um ecossistema empresarial tunisino bem sucedido, devem ser implementadas algumas características importantes:

J o hábito incutido desde tenra idade de pensar fora da caixa,

J a ausência de perceção negativa do fracasso, e

J o forte apoio público ao investimento de capital.

Pessoalmente, acredito - e costumava partilhar esta crença à minha volta - que, quando tudo parece escuro, quando não se tem nada a perder, quando todo o sistema está bloqueado,... correr o risco de inovar é a única saída para uma realidade mais iluminada! A inovação pode trazer resultados sempre que se acredita nela.

Construir uma start-up única e valiosa que possa ser adquirida por um monstro das TI - como a Apple, a IBM, o Facebook, a Microsoft, a Google, etc. - é suficiente para mudar a atual face triste da economia tunisina. Aumentará o interesse dos grupos internacionais pelas tecnologias tunisinas, bem como abrirá novos horizontes para os jovens empresários tunisinos. Eu e os meus amigos estamos a fazer a nossa vida em direção a este objetivo.

Congratulations, Mahmoud Ben Jeddou, for your award winning Patient Health Discovery concept!

Author

Prof. Dr. Kathrin Möslein
View full user profile

Today Mahmoud Ben Jeddou, MBA student in Innovation Management (EU program DICAMP,
http://dicamp.eu/), was awarded the 1st prize in a global crowdsourcing challenge on how we might
use ICTs to make healthcare more accessible. His award winning concept suggests a "Patient Health
Discovery tool" that he describes as an "IT application that provides a real-time analysis responding to
a health state description. It is about developing an Intelligent Agent based on text mining algorithm for
automated healthcare pattern discovery."

Apêndice

Reconhecimento da ideia "M-Health Discovery" - na sua infância - após a minha participação no ITU Crowdsourcing Challenge: o conceito foi eleito, entre 5000 ideias de todo o mundo, como a melhor contribuição para a plataforma da UIT https://ideas.itu.int/ (**julho de 2013**) [União Internacional das Telecomunicações].

http://www.prof-moeslein.de/blog/2013/07/26/congratulations-mahmoud-ben-jeddou-your-award-winning-patient-health- discovery

#

Chegar à final local do Arab Mobile Application Challenge e apresentar a nossa iniciativa de arranque a um júri multinacional http://www.arabmobilechallenge.com/ (**janeiro de 2014**).

M-Health
DiscoveryTool
NOKIA
Mocality

I want morebooks!

Buy your books fast and straightforward online - at one of world's fastest growing online book stores! Environmentally sound due to Print-on-Demand technologies.

Buy your books online at
www.morebooks.shop

Compre os seus livros mais rápido e diretamente na internet, em uma das livrarias on-line com o maior crescimento no mundo! Produção que protege o meio ambiente através das tecnologias de impressão sob demanda.

Compre os seus livros on-line em
www.morebooks.shop

Printed by Books on Demand GmbH, Norderstedt / Germany